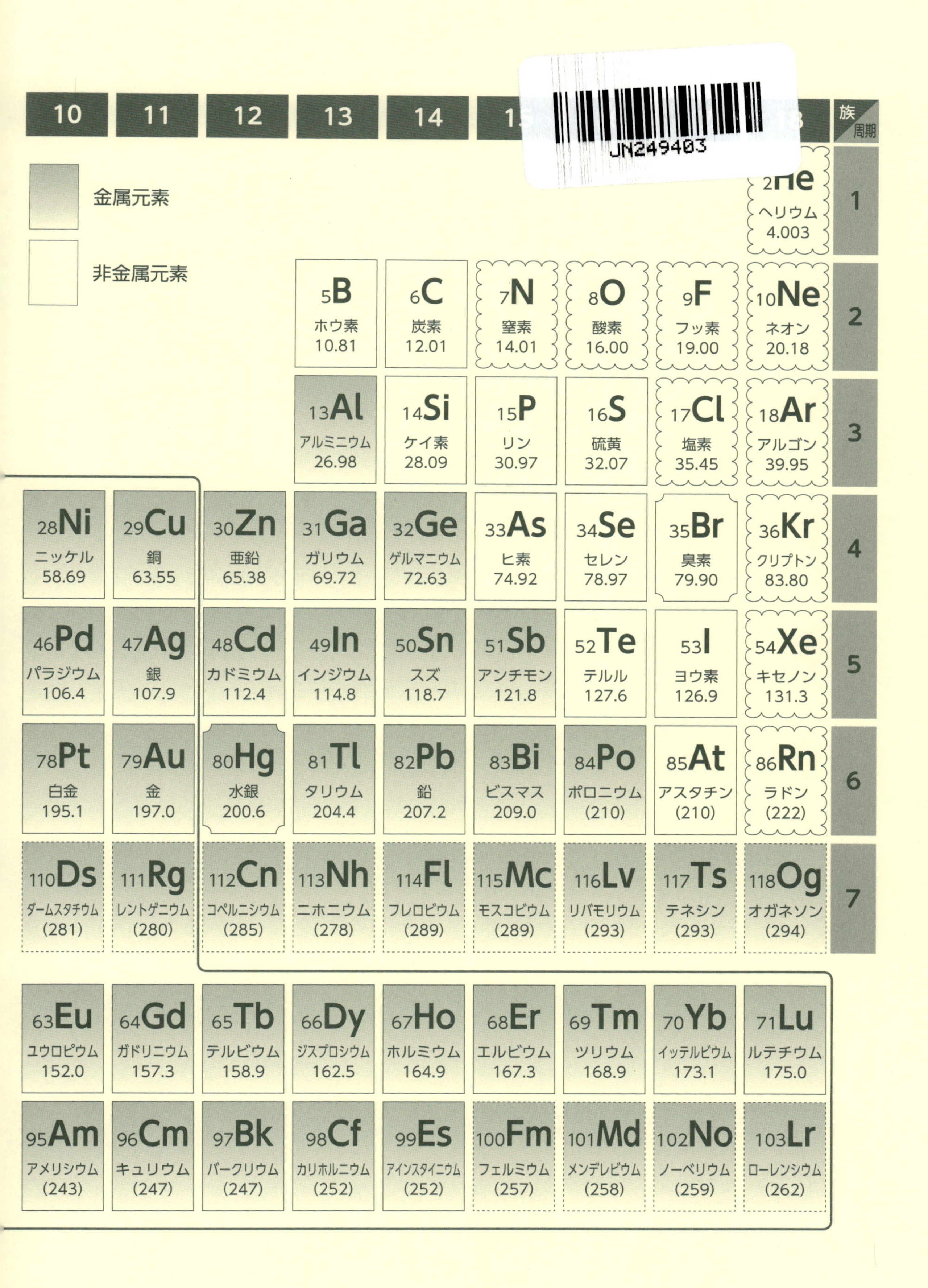

10
11
12
13
14
族
周期
金属元素
非金属元素
1
2
3
4
5
6
7
2He ヘリウム 4.003
5B ホウ素 10.81
6C 炭素 12.01
7N 窒素 14.01
8O 酸素 16.00
9F フッ素 19.00
10Ne ネオン 20.18
13Al アルミニウム 26.98
14Si ケイ素 28.09
15P リン 30.97
16S 硫黄 32.07
17Cl 塩素 35.45
18Ar アルゴン 39.95
28Ni ニッケル 58.69
29Cu 銅 63.55
30Zn 亜鉛 65.38
31Ga ガリウム 69.72
32Ge ゲルマニウム 72.63
33As ヒ素 74.92
34Se セレン 78.97
35Br 臭素 79.90
36Kr クリプトン 83.80
46Pd パラジウム 106.4
47Ag 銀 107.9
48Cd カドミウム 112.4
49In インジウム 114.8
50Sn スズ 118.7
51Sb アンチモン 121.8
52Te テルル 127.6
53I ヨウ素 126.9
54Xe キセノン 131.3
78Pt 白金 195.1
79Au 金 197.0
80Hg 水銀 200.6
81Tl タリウム 204.4
82Pb 鉛 207.2
83Bi ビスマス 209.0
84Po ポロニウム (210)
85At アスタチン (210)
86Rn ラドン (222)
110Ds ダームスタチウム (281)
111Rg レントゲニウム (280)
112Cn コペルニシウム (285)
113Nh ニホニウム (278)
114Fl フレロビウム (289)
115Mc モスコビウム (289)
116Lv リバモリウム (293)
117Ts テネシン (293)
118Og オガネソン (294)
63Eu ユウロピウム 152.0
64Gd ガドリニウム 157.3
65Tb テルビウム 158.9
66Dy ジスプロシウム 162.5
67Ho ホルミウム 164.9
68Er エルビウム 167.3
69Tm ツリウム 168.9
70Yb イッテルビウム 173.1
71Lu ルテチウム 175.0
95Am アメリシウム (243)
96Cm キュリウム (247)
97Bk バークリウム (247)
98Cf カリホルニウム (252)
99Es アインスタイニウム (252)
100Fm フェルミウム (257)
101Md メンデレビウム (258)
102No ノーベリウム (259)
103Lr ローレンシウム (262)

栄養科学イラストレイテッド

基礎化学

著/土居純子

序

最近ようやく管理栄養士養成課程が、「文系」か「理系」かといったときに、「理系」であることが認知されるようになりました。しかし、そのようなことがあってか、入学してくる学生たちからは「高校時代にあまり化学の勉強をしていないので心配です」や「化学は苦手です」といった声を多く聞くようになりました。また、少子化によって手厚い個別対応をしてもらえることに慣れてしまった学生が、入学した途端に自立を求められて戸惑うことも多いように感じます。本来なら、管理栄養士を目指そうと希望にあふれた明るい気持ちで栄養学の勉強をスタートさせてほしいところなのに、最初から大きな不安を抱えながらスタートさせるのは、非常にもったいないことであり、学生を迎える側にとっても悲しいことです。

化学は栄養学を修得するうえで外すことのできない基礎科目であるため、各大学において、入学前あるいは入学直後にいろいろな工夫をされ、学生たちの不安を取り除き、良いスタートを切ってもらえるようにと苦慮されていることもよく耳にします。

そこで、本書は、化学を専門に教えておられる先生とは違った目線で、日ごろ栄養学を教えているなかで考える、少なくとも前もって身につけていてほしい化学の知識について、学生の皆さんが自らで理解できることを目指して執筆しました。そのため、基礎化学と題しながら内容が薄いと批判を受ける節はあるとは思いますが、内容は栄養学に必要な重要事項に限定して、しかしそれらの事項については確実に理解してもらえるように、例や例題を多く取り入れて説明すると同時に、栄養学への展開の仕方も確認できるように努めたつもりです。

本書を通じて、学生の皆さんの不安が少しでも解消され、できれば少し自信をもって栄養学をスタートすることができるように、また、多忙な日々を送られている先生方の一助になればと願っています。

最後に、本書の出版にあたり、不慣れな私に多くの適切な助言をくださるなどしてお力添えくださった羊土社編集部の関家麻奈未氏をはじめとする皆様に深く感謝申し上げます。

2017年10月

土居純子

栄養科学イラストレイテッド

基礎化学

序

第5章 酸と塩基

138

■正誤表・更新情報

本書発行後に変更，更新，追加された情報や，訂正箇所のある場合は，下記のページ中ほどの「正誤表・更新情報」からご確認いただけます.

https://www.yodosha.co.jp/yodobook/book/9784758113533/

■本書関連情報のメール通知サービス

メール通知サービスにご登録いただいた方には，本書に関する下記情報をメールにてお知らせいたしますので，ご登録ください.

・本書発行後の更新情報や修正情報（正誤表情報）
・本書の改訂情報
・本書に関連した書籍やコンテンツ，セミナー等に関する情報

※ご登録には羊土社会員のログイン/新規登録が必要です

ご登録はこちらから

—はじめに—
栄養学と化学のかかわり

栄養学とは
そもそもなにかを
確認しましょう

これまでの勉強と
これからの勉強の
違いを理解しましょう

栄養学を学ぶうえで，
化学がなぜ重要かを
理解しましょう

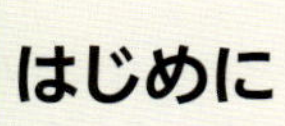

はじめに

本書を開き，「さぁ，化学を勉強するぞ！」と意気込んでいる方も多いと思いますが，この章ではまず，「これまでの勉強とこれからの勉強の違い」「栄養学とはどんな学問なのか」「なぜ化学を勉強しなければならないのか」といったことを少しお話したいと思います。

1 これまでの勉強とこれからの勉強

A. これまでの勉強

これまでの勉強は，将来，なにをするかに関係なく，誰もが社会のなかで生活していくために必要な，一般的なことを勉強してきました。例えば，世のなかにはどんなものがあるのか[1]，あるいは，基本的にどのようなルールで物事が行われているか[2]といったことなどです。そして，それらをどちらかといえば，広く浅く勉強してきました。

しかし，そのような勉強をした人だけでは，私たちの生活に発展は望めません。1つの“もの”に対して，みんなが同じ考えで同じ見方をしていたら，その“もの”は，ただの“もの”で終わってしまう可能性が高く，その“もの”に広がりは見えてきません。いろいろな知識や考え方をもった人が加わって，1つの同じものに対していろいろな見方をすることで，これまでになかったような利用方法などが生まれてくる可能性が出てきたり，その“もの”に深みや広がりを与えたりすることができ，そのものの価値が上がってきます（図1）。そのようにして，物事は発展していきます。

[1] 歴史では，現在までにどのような過去の積み重ねがあったのかを学び，地理では，地形や資源，気候をどのように生活へ活用していくのかを学びました

[2] 数学では，物事から規則性を見つけ，それを数式やグラフ化する基本を学び，外国語では，異なった国の人々と交流するときに必要な言葉やマナーを学びました

B. 発展も活躍も“違い”が重要

皆さんは，これまで周りの人とあまり違わず，同じようにしておくことがいいと思ったり，あるいは，目立たないでいることに心地よさを感じたりしていたことがあったと思います。しかし，先ほどの話にあったように，これからはそのままでは少し困ります。皆さんは，大学などで専門的なことを勉強し，その後，勉強したことをもとに，活躍していかないといけません。活躍しようと思えば，そのなかで，周りの人と違うところがないといけないのです[3]。

[3] 図1に示したように，社会では専門的な立場から意見することが求められ，それぞれの視点が“違い”になります

図1　さまざまな視点が“もの”を発展させる

“違い”というのは，好き勝手に何でも無茶をすることではありません。周りの人と違った考えをもっているとき，その“違い”について，きちんと筋立てて説明でき，そして，人をきちんと納得させ認めてもらうこと，これが必要です。

“違い”は，皆さんにとっての強みになります。なぜかというと，社会では，同じように専門的な勉強をしてきた人は大勢います。だから，“違い”がなければ，皆さんが今後担う役割は別にほかの人でもいいということになります。それでは，皆さん自身，活躍している実感も得られず，やりがいも感じられないので，虚しいでしょう。しかし，“違い”があれば，それが自分にしかできないことに変わり，活躍の場ができるのです（図2）。

C. “違い”のつくりかた

したがって，皆さんは，これから専門的になにかについて勉強することと同時に，周りの人との“違い”もつくっていかないといけません。ではその“違い”は，どのようにすればつくれるのでしょうか？

例えば，授業の内容が十分に理解できない場合であれば，皆さんは，なにか本を読んで調べたり，あるいは，誰かに質問という形で尋ねたりすると思います。これからは，理解できない場合だけではなく，授業の内容が十分に理解でき，そして，その内容について「おもしろい」とか「もっと知りたい」と思った場合も，そこで止まらずに，そのことについ

図2 違いのアピール

てもっと詳しく書かれている難しい本を読んで調べたり，そのことに詳しい人にさらに詳しい内容を尋ねたりして，皆さん自身がもった気持ちに応えることもしないといけません[4]。どちらにせよ，“違い”をつくるためには，皆さんが与えられたものだけで止まらず，自ら動いてなにかをすることがとても重要なことになります。

[4]例えば，芸能人のファンになったとき，誕生日や出身地，好きなもの，過去の出演作，今後の予定など知りたくて調べますよね。それと同じです

D. 誰も正解がわからない問題へのチャレンジ

皆さんが，社会へ自分自身の考えをもって参加していく力をつけるために必要なことは，全く新しいことに挑戦していくことではなく，これまでに勉強してきたことを基盤にして，それぞれの学問領域特有の見方や解釈を知り，それを利用する方法を勉強することです。この勉強は，これまでの勉強と大きく違うことがあります。それは，これまでの勉強では，必ずといってよいほど“正解”があったと思いますが，これからの勉強では“正解”とよばれるはっきりとしたものがないことが多いことです。これは，いい加減ということではなく，誰も本当の正解がわからない問題に取り組むということです。

これまでは課題をこなす際，機械的に作業をしていくと，きちんと理解していないところがあっても終わってしまうことがあったと思います[5]。しかしこれからは，それが通用しません。機械的に作業をしているだけでは，なにも得ることができません。必ず物事について考える過程を踏んで，課題に取り組まないと進みません（図3）。これは難しいことではありませんが，実際に進めていくためには準備が必要です。それは，皆さんが進もうとしている学問領域の基盤をしっかりと築くことです[6]。

[5]英単語をランダムに覚える，歴史の年号を語呂合わせで覚える，数学の公式を丸暗記する，などです

[6]図3の例でいうと，進む道に合わせた装備（靴，手袋，杖，ロープなど）を身につけることです

皆さんは，いろいろな選択肢があるなかで，栄養学を勉強すること，栄養学に基づいたものの見方や解釈を身につけることを選択したのです。

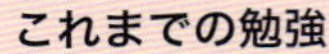

図3　これまでの勉強とこれからの勉強

これまでの勉強では，「単語を覚える」「問題を数多くこなす」といった機械的な作業をくり返せば大学合格という目標に近づいたと思いますが，これからの勉強では，「どの道（テーマ）が面白そうか」「どうやったら先に進めるか」を自分で考えて判断して進むことが必要になります

選択をしたからには，その選択に対しての責任を果たす必要があります。よい結果を生み出すには，栄養学に必要な基盤をしっかり築いて，専門的な勉強をスタートさせることが重要です。そのために，まずは「栄養学とはそもそもなにか」について少し考えてみましょう。

2　栄養学とは，なにを追究していく学問？

栄養学とは，“栄養”を科学的に追究していく学問です。では，栄養学の核となる“栄養”とは，いったい何でしょうか。

A. “栄養”の定義

辞書や栄養学の教科書などで**“栄養”**について調べると，「栄養とは，生物が必要な物質を外界から取り入れ，その物質を生命活動のために活用すること」といったような解説が出てきます。このことからわかるように，“栄養”は，生物であれば必ず行っていることになります❼。そして，私たち，ヒトでいうと，“食物を食べる”ということになります。“食物を食べる”ことは，私たちの日々送っている生活のなかで考えると，普通1日に3回は行っています。そして，生きている限り，くり返し行っています。したがって，皆さんが，生まれたときから今に至るまでの間に，数えると気の遠くなるような，ものすごく多くの回数行い，これ以降も続けていくものが“栄養”ということになります。**“食物を食べる”**

❼その具体的な方法は生物の種によっていろいろです

図4 栄養学を学ぶためのヒント

ことは，ヒトにとって，非常に大切なことであり，また，非常に身近なことでもあります。これを追究していくのが，栄養学ですから，皆さんが全く知らない学問領域ではないのです。

B. 身近にある栄養学のヒント

皆さんは，“食物を食べる”ためになにをしますか？ 皆さんの家が農業や漁業などにかかわっていない限り，スーパーマーケットなどのお店へ食材を買いに行くと思います。このとき訪れるお店には，栄養学を勉強するためのヒントがあります。次に，食材を買ってきた後は，どうですか？ 料理をしますね。料理中や，料理番組・料理本をみているなかにも，ヒントが隠れています。また，その後の実際に食べるときにも，ヒントが隠れています（図4）。

皆さんのなかで，「これまでに，このような場面を全く経験していません」という人はいないと思います。皆さんのように栄養学を勉強していこうとする人にとって，勉強のための材料（ヒント）は，机の上にある教科書や参考書，ノートのなかだけにあるのではありません。こういった，生活のなかにいろいろとあります。では，なぜ，このような場面を経験していたにもかかわらず，これまでなにも気づかなかったのでしょうか？ それは，前項で触れたように，これまでは，買いものに行くことや料理すること，食べることに，皆さんが自ら積極的にかかわっていなかったからです。なんとなく買いものに行き，なんとなく料理し，なんとなく食べていたからです。

C. ヒントを学びにつなげる

これからは，皆さんは栄養学を勉強するということを意識してみてください。例えば，「どうして先週と今週とでは同じ食材なのに値段がこんなに違うのだろうか」とか，「どうして惣菜コーナーには揚げものばかりこんなにあるのだろうか」とか，「どうして同じ食材でも切り方を変えると食べたときの感覚が変わるのだろうか」など，いろいろなことを考えてみてください。そして，考えるだけでそのままにしておくのではなく，その「どうして」に対する答えを見つける皆さんなりの努力をしてみてください。そこで，正しい答えとは違った方向へ行ってしまったとしても，「どうして」と考えたことや，「どうして」に対する答えを見つけようとしたことは，栄養学の勉強で役に立ちます。

しかし，それだけでは不十分です。なぜなら，栄養学ではものごとを科学的に追究する必要があるからです。科学的であるためには，ものごとを理論的に説明ができて，誰からも納得が得られることが必要です。これを満たすためには，「どうして」を意識して生活していくだけでは駄目で，学問的な知識が不可欠です。ここまでに話してきた生活のなかでの気づきは，どちらかというと，栄養学を生活のなかで応用させるときに，特に重要なことになっていきます。その一方，学問的な知識というのは，土台にあたります。土台がしっかりしていないと，その上にいくら応用の部分を積み重ねていっても，衝撃[8]に対して強くあり続けることはできません（図5）。土台の土台は，やはり，机に向かって勉強することで身につきます。では，具体的にはなにを机に向かって勉強すればよいのでしょうか？ それを理解するために，さらに“栄養”あるいは“食物を食べること”について解説していくことにします。

[8] 新しく経験する出来事や全く知らなかった物事など

図5 土台の重要性

土台がしっかりしていないと，左の図のように目的の成果を得ることができません。安定した土台があるからこそ，成果に手が届きます

D. 身近にあるからこその問題点

“食物を食べること”は，人の生活において大切な存在で，とても身近なものであると言いました。これは，身近なことから“栄養学”という学問を深められるというメリットがある一方で，皆さんのように栄養学を専門的に勉強しようと思っている人でなくても，誰でも基本的なことは知っているということでもあります。また，経験から自分たちのからだの調子に直結しているということも知っており，誰もがある程度関心をもっていることを意味します。それを感じる例として，テレビや雑誌などに，食事や食物[9]に関する宣伝があふれていることがあげられます（図6）。しかし，これら宣伝の内容が，すべてきちんと学問的に筋の通った根拠をもったものかどうかは怪しいところです。一般的に健康な生活を送りたいという気持ちは，誰もがもっている思いであるため，宣伝の内容が疑わしいかどうかに関係なく，間違ったことでもそれを信じて，本来望んでいる健康への道とは違った方向へ進んでいる人も少なくありません。そのような人に対して，正しい方向へ修正してあげることも，皆さんが栄養学を専門的に勉強した後の役目の1つでもあります。皆さんは，その内容が科学的に正しいかどうかを判断し，誤りであった場合，そのことを信じている人を説得しなければなりません。その助けとなるのは，やはり机に向かって勉強した理論的な栄養学の知識です。

[9] 健康食品やサプリメントを含む

E. “栄養”のさまざまなかたち

“栄養”の定義として，ヒトでは“食物を食べること”であるとお話ししましたが，厳密にはただ“食物を食べること”だけでは，“栄養”の意

図6　疑わしい宣伝

味を成しません。皆さんも，毎日1日に何回か，“栄養”の活動を行っているのでわかると思いますが，私たちが“食物を食べる”のには理由（目的）があります。“栄養”の定義でいうと，生命活動のためです。すなわち，“食物を食べる”が生命活動のためになっていなければ，意味がありません。では，生命活動とはどんなことでしょうか？ 簡単に言えば，“生きる”ということです。“生きる”といえば，生物としての生死といった究極の“生きる”から，ヒトとして社会のなかでの生活を示す“生きる”ということまで，幅広い意味をもちます。したがって，“食物を食べる”ことによって，それぞれの“生きる”を満たさなければならないということです。

生死にかかわる究極の“生きる”を満たすためには，とりあえずなにかを食べていれば達成できます。しかし，ヒトとして社会のなかでの“生きる”を満たそうとすると，究極の“生きる”を目的としたときほど簡単ではありません。例えば，“食物を食べる”ことによって，疲れ気味のからだを元気にしたい人がいれば，疲れを除くような“栄養”の内容にしないと意味がありません。また，運動能力を向上させたい人であれば，その運動能力を得られるような“栄養”が必要でしょう。あるいは，もう少し拡大して考えていくと，“食物を食べる”ことを通じて，場の雰囲気を明るく和ませたいということや，季節や地域の文化・伝統を伝えたいということもあります。また，“栄養”は，“食物を食べる”ことといいましたが，食べることができない人や食べるための機能が十分でない人もいます。このような人たちも，生命活動を行っています。そのような場合は，私たちと違った方法での“栄養”が必要です。そのほかにも，いろいろなことが“生きる”には含まれ，その1つひとつに対応する“栄養”があります。そして，それらすべてが栄養学の対象になります（図7）。

F. 基本を大切にする

栄養学の範囲は，とても膨大で，しかも深いです。あまりにも膨大すぎて，なにから手をつければよいかわからない人も多いのではないでしょうか？ また，先ほどの話にあった，皆さんがこれからこの膨大な栄養学という学問にスムースに入っていくための準備としてなにを身につける必要があるのかがわからないと思います。これからの勉強では，このようなことが多々あります。そのようなときは，原点（基本）に戻って考えることです。皆さんの場合は，栄養学の対象である“栄養”とはなにかということに戻って考えることです。

元気になる

運動能力を向上させる

文化を伝える

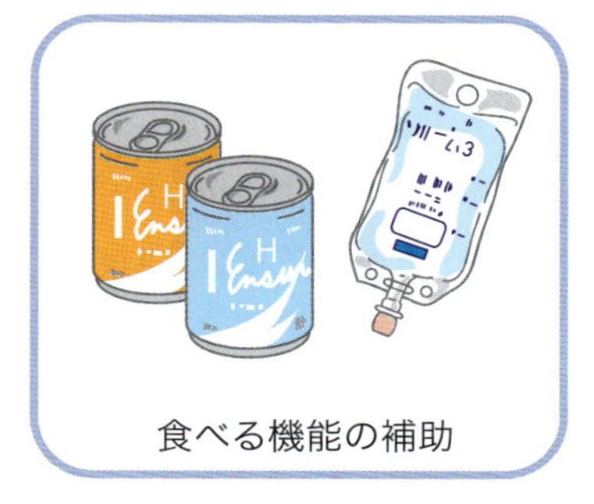
食べる機能の補助

図7　**栄養のさまざまな役割**

くり返しになりますが，“栄養”とは，生物が必要な物質を取り入れ，それを生命活動のために活用することでした。したがって，“栄養”は生物であれば必ず行っていることです。つまり，栄養学を勉強するにはまず，生物は基本的にどのようにして生命活動しているのかを知らないといけないことがわかると思います。なぜなら，目的がはっきりしていなければ，なにをしてよいのかわからないからです。目的は，見方を変えると，なにか行動した後の結果といえます。生物が生命活動するために“栄養”を行っているのだから，生物がどのような生命活動をするのかがはっきりすれば，どんな物質を取り入れればよいかがはっきりします。すなわち“栄養”の具体的な内容がはっきりするということです。

では，もう少し栄養学の具体的な内容に進んで，皆さんがやらなければいけない準備をさらに明確にしていきましょう。

3　栄養学に必要な化学

生物は，基本的にどのような生命活動をしているのでしょうか？ 生物は，生体内に取り入れた物質をもとにして，さまざまな化学反応を行って，その生物をつくり上げている物質を生み出したり，生物が活動するために必要なエネルギーを生み出したりしています。これが，生物が行っている共通の生命活動の内容です。皆さんは，ヒトに関する栄養学を勉強していくので，この生物共通の部分を理解して，ヒト独自のしくみへ発展させていかないといけません。

A. 栄養学は理系

これまでに，皆さんが勉強している科目を分類するのに使っていた“文系”か“理系”で分類すると，栄養学は**“理系”**です。そのため，これまでに皆さんが勉強してきた理系科目の知識は，必ず使います。なかでも，化学や生物学で勉強したこと，および計算は，栄養学にかかわっている限り，常に必要となります。

さらに，理系科目だけでなく，栄養学を勉強して，それを社会で利用していくためには，自分の考えを自分以外の人々に発信していかないといけないため，きちんとした言葉で話すこと，あるいは書くことも必要です。

そして，前項のなかで話したように，栄養学の視点を私たちの生活に応用させていかないといけません。そのためには，社会のしくみについても知る必要があります。これらの基盤をしっかりと身につけておくことが，皆さんがやらなければいけない準備です。

このように考えていくと，もう栄養学を勉強すると決めた人や，すでに栄養学の勉強をスタートさせた人にとっては，準備するための時間が限られているのに，準備することが多すぎると思うでしょう。本当はすべてのことを準備して，ことに臨むのが理想です。しかし，それが無理な場合は，差し当たって支障が出そうなものから準備する。これが鉄則です。そして，その視点で考えると，真っ先にあがるのが理系科目，理科です。

理科というと，これまで皆さんは，化学や生物学，物理学を主に勉強したと思います。皆さんはこれらをそれぞれ違う現象を取り扱っているものと思っているかもしれませんが，そうではありません。私たちの身の回りにあるものや身の回りで起こっている現象は，事実であり，誰にとっても同じように起こっています。それでも科目ごとに違いが生まれるのは解釈のしかたが異なるからです。**物理学**はものの運動やその運動に必要なエネルギーから，**生物学**は生命の営みから，**化学**は物質そのものの状態やその変化の過程から，それぞれの観点で，同じもの[10]をみているだけです（図8）。このことから，理科のすべてを勉強していなくて

[10] 身の回りのもの

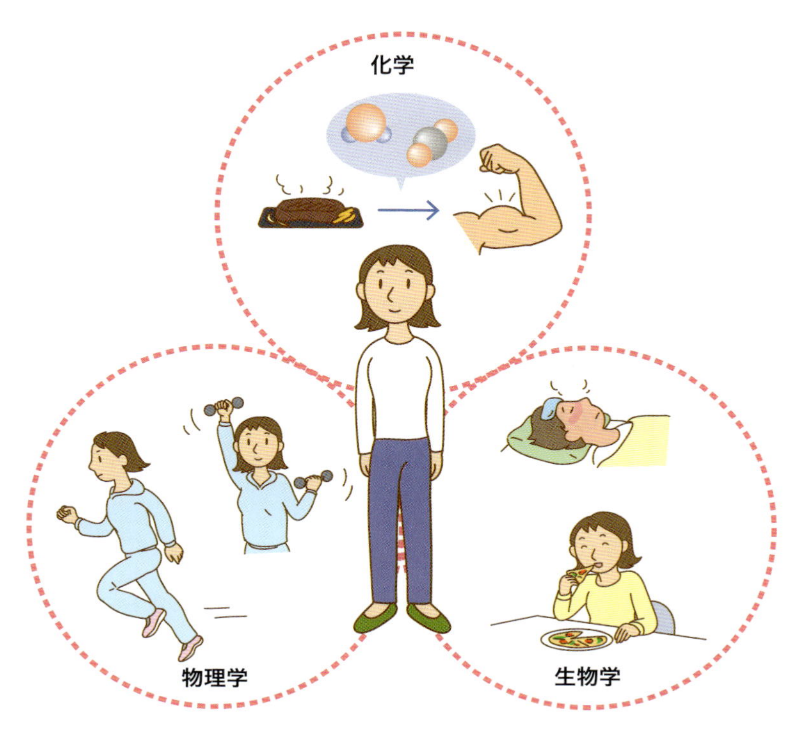

図8 各観点でみたヒト

も，そのうちのどれかをしっかり勉強していれば，ほかのものの勉強はすこし観点（考え方）を変える訓練をすればいいことがわかると思います。

では，どの科目からはじめるのがよいでしょうか？ 理科をすべて勉強したけれど自信がない，あるいは1つの科目について時間をかけて勉強したけれど，あまり自信がないというなら，まずは，**化学**からはじめましょう。

B. なぜ化学が重要なのか？

なぜ化学なのでしょうか？ それは，私たちが生活をしているなかで，身の回りにあるものはすべて物質からできており，また，身の回りで起こっている現象は物質自身の状態の変化やほかの物質と化学反応を起こした結果によって生じたものだからです。化学の知識は，これからどんな道に進もうとするかに関係なく，生活をするにあたって誰にとっても必要なものなのです。そして，栄養学を学ぶ皆さんには，なお必要です。"栄養"の定義からもわかるように，私たちは物質を取り入れて，その物質を生命活動のために活用します。すなわち，取り入れた物質を材料に化学反応を起こすことで新たな物質を生み出し，それを目的に合わせて変化させるということを絶えず行っています。これが生物の生命活動の根本です。したがって，化学は物質から物事をみていくことであるので，一番，“栄養”に直結しています。また，栄養学の勉強を進めていくなかで，迷ったときに助けになってくれるのも，化学的な知識であることが少なくありません。だから，栄養学を勉強する準備として，栄養学の勉強をスタートする前に，化学の知識をしっかり身につけておくことは，たいへん大事なことです。

C. 化学は職場の共通言語

化学の知識が大切な理由は，皆さんが栄養学を深く理解するために必要であることだけではなく，ほかにもあります。

皆さんが栄養学の勉強をして，社会にでて活躍するとき，1人だけで仕事を行うということは，あまりありません。たいていの場合は，各分野の専門的な勉強をしてきた人が，それぞれの学問領域の知識を出し合い，協力して仕事を行っていきます。その仕事の内容の主体が栄養学に関係している場合でも同じです。

例えば，病院や施設において，ある患者さんの栄養状態を改善しようとするときも，管理栄養士だけで仕事を行うことはありません。この場合だと，管理栄養士はもちろん中心的な役割を果たしますが，そのほかに，医師や看護師，薬剤師，理学療法士，臨床検査技師などいろいろな背景をもつ専門家が参加し，協力し合ってチームで仕事をしていきます。このようなとき，同じチームにいるからといって，チーム全員が同じように理解し，同じように考えているかというと，そうではありません。この章のはじめでも少し話したように，いろいろな背景をもった専門家が参加して，それぞれの観点で患者さんをみるからこそ，いろいろなよいことが生まれてきます。しかし，だからといって，チームに参加した人がバラバラに仕事をしていたのでは，協力とはいえません。チームのよさを発揮しようと思えば，直接関係していないことでも，チーム内で情報交換を行い，その情報をチームに参加した1人ひとりが理解し，共有することが大切になります。そして，情報を共有したうえで，それぞれの違った観点が加われば，協力したことが意味をもち，よい結果が生まれてきます。すなわち，共有できるなにかで情報交換することがポイントになります（図9）。

では，皆さんが，将来仕事をしていく際に，ほかのチームメンバーと共有する部分というのはなにになるでしょうか？ それは，多くの場合，

図9　チームでの情報共有

ヒトのからだに関する知識です。ただし，ヒトのからだの知識だけでは，情報交換はうまくいきません。なぜなら，ヒトのからだの見方は，それぞれの職種で違うからです。では，どうすればよいのでしょうか？

皆さんが，高校までに勉強してきたことは，ほかのどの職種の人たちにも共通する内容です。チームメンバーの学問領域それぞれは，一見すると共通する部分がないようにみえますが，これまでに勉強した物理学や生物学を，少し違う角度からみると，ある共通するものがみえてきそうです。物理学は，“もの”を運動やエネルギーの観点からみていくことで，ここでいう“もの”は，物質からできています。そして，エネルギーは，物質が化学反応などを起こした結果に生じたものです。また，生物学は，生命の営みを科学の観点からみていくことですが，生物のからだは物質からできており，生命活動の基本は“栄養”，つまり，物質を取り入れ活用することです。ここまでくると，なにか共通することがみえてきませんか？ そうです，物質やその物質の変化に関する知識です。つまりこれは化学の知識です。

特に，私たちのからだのなかは水に満たされた世界であるため，水のこと，私たちが取り入れる物質の性質のこと，水とそれら物質の関係のことなどを中心にした化学の知識がどの職種にも共通の知識ということになります。したがって，化学を学ぶことは異なる職種がチームで協力するうえで，不可欠です（図10）。

次章から，化学の知識を1つひとつ確認していきます。そして，皆さんが栄養学の専門課程へ，今よりも自信をもって進んでいけるようにしましょう。

図10　“化学”という共通言語

第1章
水について知る

私たちヒトにとって
なぜ水が重要なのかを
理解しましょう

水の性質・状態の
変化について
学びましょう

栄養学における
水の役割について
理解しましょう

1 なぜ，“水”なのか？

前章の「はじめに」では，皆さんのようにこれから栄養学を勉強しようとしている人にとって，化学が重要であることをお話ししました。しかし，皆さんだけでなく，社会で生活するすべての人にとっても，化学は必要な知識です。なぜなら，私たちの身の回りにあるものは，すべて何らかの物質からできており，また，それらの物質のいろいろな性質やほかの物質との反応を利用することで，私たちの生活が成り立っているからです。

この章ではまず“水”に着目して，解説していきたいと思います。「なぜはじめに“水”を勉強するのか？」「そもそも“水”とはなにか？」というような，疑問に1つずつ答えていきたいと思いますので，しっかりついてきてください。

A. 空気と水の違い

私たちヒトは，通常，陸上で生活をしています。そして，私たちを取り巻く環境は，**“空気”**という気体で満たされています。では，空気とはいったいどのようなものなのでしょうか？ じつは，空気は1種類の物質からできているのではなく複数の物質から成り立っています。体積の割合でいうと，窒素（N_2）が約78％，酸素（O_2）が約21％，残りの1％にアルゴン（Ar），二酸化炭素（CO_2）などのその他という割合で各物質が混ざり合ってできたもの[1]です（図1）。したがって，私たちが，普段，目にしているものや現象は，そのような空気が存在する環境（条件）下で起きていることなのです。

[1] このように複数の物質が混ざり合っているものを**“混合物”**とよびます

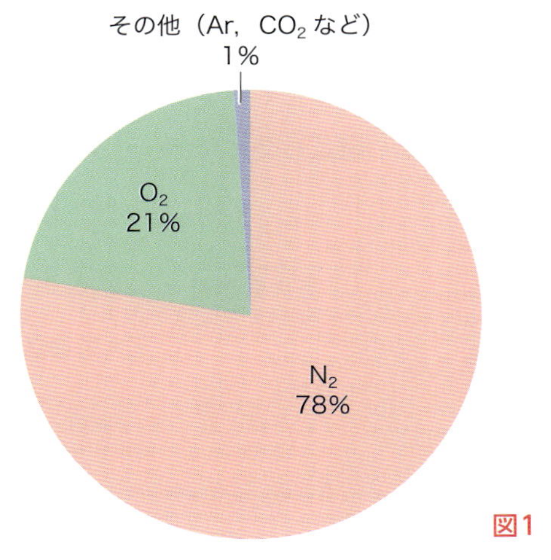

図1 空気の組成

そのため，今まで勉強してきた化学では空気の存在する条件下での物質の状態や変化を中心に学んできました。しかし，皆さんがこれからスタートさせる栄養学の勉強は，生物のからだのなかが舞台となります。その生物のからだのなかの世界は，私たちが生活をしている環境のように空気という気体で満たされているのではなく，水という液体に満たされています。生物が生命維持のために利用する物質や，物質を利用した化学反応も，水のなかで起こります。

B. からだにとって重要な水

私たちが普段生活するなかで，空気の存在は当たり前すぎてあまり意識することはありませんが，空気は私たちにとって，とても大切なもので，なければ生きていけません[2]。これと同様に，生物のからだのなかにある，水を普段は意識していませんが，水はとても大切で，水であるから都合がよいことも多くあります。

栄養学において，私たちが“栄養”で摂取して利用している物質を**栄養素**（図2）といいますが，水を栄養素としては取り扱っていません。しかし，実際は，必要な水がきちんとからだのなかに確保されていないと，皆さんがこれから勉強する栄養素の性質やからだのなかでの役割が果たせません。すべて，からだのなかに水が存在している前提で，栄養学の話が進められていきます。

もちろん，これから皆さんは，普通の状態の人の栄養学だけを勉強するのではなく，からだのなかで異常が発生した人，簡単にいうと，病気なった人の栄養学も勉強します。そのときには，体内の水の量や性質が異常になった場合も勉強します。例えば，夏によくニュースなどで耳にする**脱水**[3]や，血液の循環などの異常によって起きる**浮腫**[4]があげられます。

このように，皆さんが栄養学を勉強するにあたって，私たちのからだのなかのことを知るために水はとても重要です。その水について，高校までに勉強してきた知識の確認も交えながら，みていきましょう。

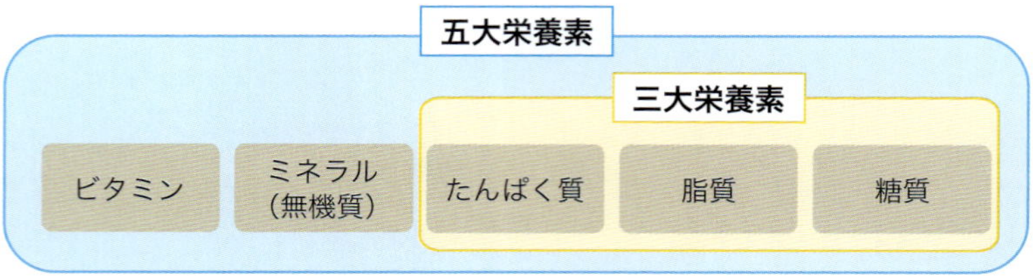

❷もし皆さんが魚のように水のなかで生活しようとすると，まず“呼吸ができないこと”が気になるのではないでしょうか。生化学や解剖生理学などの講義で今後学習しますが，ヒトは呼吸によって空気中の酸素を取り入れ二酸化炭素を排出することで，栄養素からエネルギーを生み出し活動しています。私たちの呼吸は空気があることが大前提です（魚はエラ呼吸によって，水から酸素を取り入れることができます）

❸体内の水が失われること

❹体内に異常に水が溜まること

五大栄養素
三大栄養素
ビタミン
ミネラル（無機質）
たんぱく質
脂質
糖質

図2　三大栄養素と五大栄養素

2 水の性質

A. 水の構造

まず，水は化学式で書くと，H_2O と書きます。水は，先ほどの空気とは違って，水のみの１種類の物質からなる物質[5]です。しかし，その化学式が示すように，水は酸素元素（O）と水素元素（H）という，２種類の元素からつくられています[6]。

物質の化学式は，その物質がどんな元素からつくり上げられているかを教えてくれます。物質には，１種類の元素からなっているものと２種類以上の元素からなるものがあります（図３）[7]。

また，その物質をつくり上げるために，いくつかの元素が集まってできているものは，化学式においてそれぞれの元素に下付き数字で各元素の割合が示されています。したがって，水（H_2O）なら，水素と酸素が２：１の割合で構成されています。

水の構造は，１個の酸素原子の両側にそれぞれ１個ずつ水素原子が結合しています。酸素原子と水素原子の結合は，互いに同じ力で均等に結合しているのではなく，酸素原子の方が**電子**[8]を引き寄せる力[9]が大きいために，酸素原子は少し強引に水素原子中の電子を引き寄せて結合します。そのため，酸素原子を中心にして，104.5°の角度がついた折れ線の形となります（図４）。その結果，水分子中の酸素原子は，本来の酸素原子でいるときよりも水素原子の電子も引き寄せているので，弱い負（マ

[5]このように１種類の物質からなるものを**純物質**とよびます

[6]元素や原子・分子については第２章で詳しく説明します。ここでは簡単に，元素は酸素や水素などの“種類”のよびかた，原子は酸素や水素の性質をもった“１つの粒”のよびかた，分子は原子が結合したものと考えてください

[7]１種類の元素からなる物質を**単体**とよび，２種類以上の元素からなる物質を**化合物**とよびます

[8]電子とは負（マイナス）の電気を帯びた粒子のことです。詳しくは第２章で解説します

[9]電子を引き寄せる力のことを**電気陰性度**とよびます。これも第２章で詳しく解説します

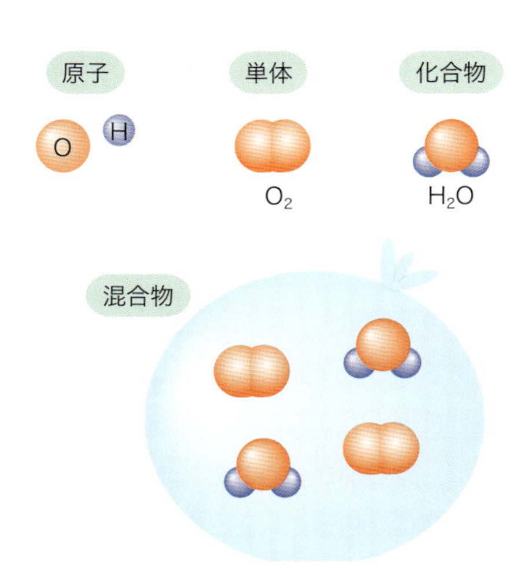

図３　物質のいろいろ

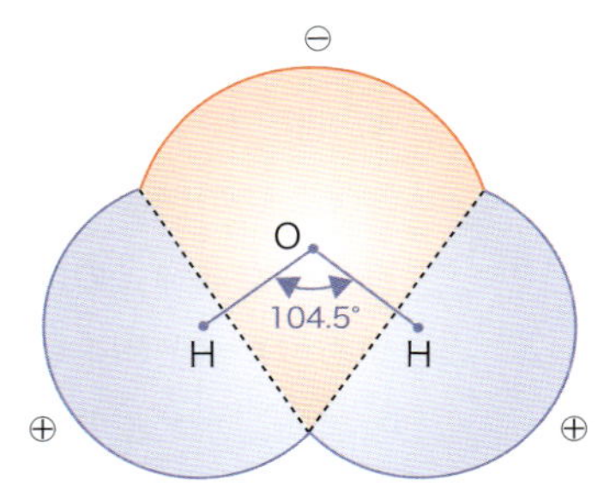

図４　水分子の構造

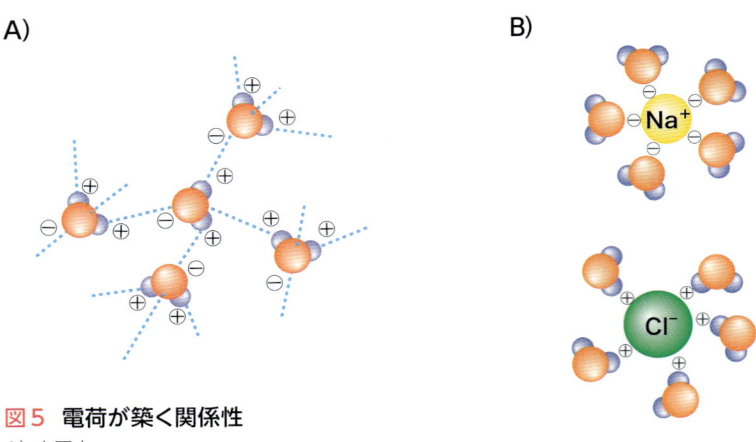

図5　電荷が築く関係性
A）水同士
B）ほかの物質と水

イナス）の電荷をもち，そして，水素原子は，酸素原子に自らの電子をとられてしまったので，弱い正（プラス）の電荷をもつことになります。つまり，水は電子の偏りをもちます[10]。これにより，水に1つの性質が生まれます。

[10] このように電子の偏りをもつものを**極性分子**とよびます

B. 電荷がつくる水の性質

電荷は電子の偏りによって生じます。偏りというのは，見方を変えれば，不安定ということです。このことは，一見すると，弱点のように感じますが，強みにもなります。なぜなら，弱く正・負の偏りができたために，水はほかの物質と新たに結び付く（引き寄せる）という性質を得たからです[11]。

[11] 物事は，それがおかれた状況によって，よいと思っていたことが悪いことになったり，悪いことと思っていたことがよいことになったりします。例えば，皆さんが不安で自信がないとき，誰か支えてくれる人がほしくて見つけようとします。皆さんにとって不安なことはあまりいいことではないようですが，それをきっかけにして，支えてくれる人（新しい友人）を見つけようとするのであれば，それは新しい仲間を見つけるチャンスともいえるのです

C. 溶けるということ

水分子において，弱く正の電荷を帯びている水素原子は，負の電荷を帯びているものへ近づこうとします。一方，弱く負の電荷を帯びている酸素原子は，正の電荷を帯びているものへ近づこうとします。そして，近づいていった後，そのものと付かず離れずの関係を築きます。関係を築く相手は，同じ水分子でもいいし（図5A），ほかのものでもいいのです（図5B）。この関係を築くことがものと馴染む（溶ける）ということです。この関係は，構造内に電荷があるからこそ築けるものなので，電荷をもたないものは，その関係を築けません。すなわち，電荷をもたないものが水と馴染む（溶ける）ことは，難しいということです。

また，水とこのような関係を築く物質は，構造内に正・負の両方の電荷を帯びていなくても，どちらか片方の電荷を帯びているだけでもいい

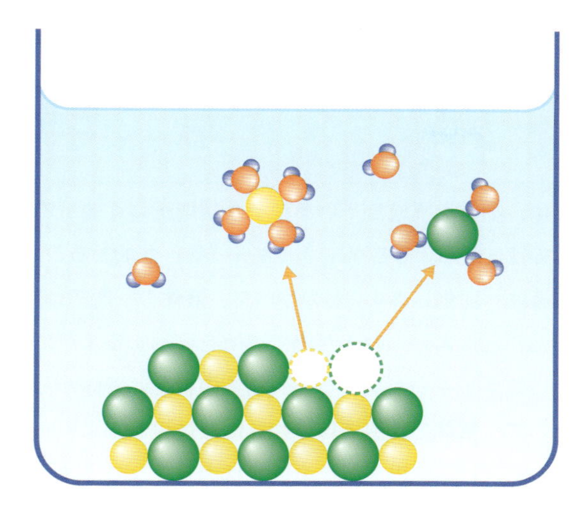

図6　水に塩化ナトリウム（食塩）が溶ける様子

のです（図5B）。

水のように，その構造のなかに正・負両方の電荷をもっているものは，これから勉強していくなかでほかにも出てきます。しかし，それらの電荷が強すぎたり，ものの大きさが大きかったりすると，ほかのものと馴染むのに何らかの制限がかかってきます。それに比べて水のよいところは“弱い”正・負の電荷をもつことと，小さなサイズであることから，どちらの電荷をもつものでも，比較的に容易に取り囲むことが可能になることです（図6）。つまり水は，ものと馴染む能力がほかのものに比べて高いということです。この水の性質を利用することで，生物はからだのなかにいろいろな物質を存在させることができます。これが，からだが水で満たされている理由の1つなのです。

一方で，ほかのものと馴染みやすい性質は，水自身の自由に制限をかけることにもなります。皆さんが，友人やボーイフレンド，ガールフレンドをつくると，1人でいるときより楽しく過ごす時間が増える一方，自由にできる時間が減り，自分自身の生活に少し制限がかかるのと同じです。このことは，次章以降で必要になってくる考え方なので，覚えておいてください。

3 水の状態

物質は，それらを取り巻く環境の変化によって，固体，液体，気体の間で状態が変化すると聞いたことはありませんか。詳しいことは，次章以降で必要に応じて確認していきますが，ここでは，水の性質が理解できることを目標にして解説していきます。

A. 水の三態

物質は**固体**の状態では，物質を構成している粒子が規則正しく並んでいて，動きはほとんどありません。そこへエネルギー（熱）が加わると，物質の状態は固体から液体へ変化します。したがって，**液体**の状態では，物質はエネルギーを得たことにより，動きが出て場所を移動するようになります。そこへさらにエネルギーが加わると，物質の状態は液体から気体へ変化します。そして，**気体**の状態では，物質は液体のときよりもさらにエネルギーを得たことになるので，その動きは大きくなり，さらに遠くへ移動するようになります。物質の量が一定の場合，固体から液体，液体から気体へと状態が変化するにつれて，物質が動いて移動する距離が大きくなるため，物質が占める空間（体積）が大きくなります。

この章の主人公である水も物質ですから，このような状態変化が起こります。水の固体状態は氷，液体状態は皆さんがいつもみている水で，気体状態は水蒸気です（図7）。

水は固体から液体，気体となるにつれて，体積が大きくなるルールから外れています。水の構造でお話ししたように，酸素原子と水素原子が一定の角度をもって結合した形であるために，固体になったとき，すき間ができてしまいます。そのため，水は液体よりも固体で少し体積が大きくなります。しかし，液体から気体への変化では体積が大きくなります。このように考えていくと，なにか「おやっ!?」と思うことがありませんか？ この章のはじめにお話ししたとおり，生物にとって水は重要なため，からだのなかにきちんと決まった量の水を確保しておかないといけません。それと同時に，生物のからだのなかでは生命を維持するためのエネルギーを生み出すことも行われています。生物のなかに多く存在する水が，生み出したエネルギーによって，液体から気体へ状態が変化してしまったらと想像すると，少し怖くなります[12]。しかし，実際はそのようなことは起きていません。それはなぜでしょうか？

⑫からだのなかの水がすべて水蒸気になってしまったら，皆さんのからだは破裂してしまいますよね？

図7　水の三態

B. 状態を変えるために必要なエネルギー

じつは水は物質のなかでも状態変化を起こすために多くのエネルギーを必要とする物質です。簡単には状態が変化しませんし，変化するときは周りから多くのエネルギーを奪う（吸収する）必要があります。そのため，からだのなかの水はからだが生み出すエネルギーで突然水蒸気に変わったりしないのです。このことも，生物のからだのなかが水で満たされている方が都合のいいことの１つの理由となります。

ちなみに，水が気体に変化するために必要なエネルギー[13]は，１g当たり2,257 J[14]で，皆さんに馴染みのあるエネルギー単位のカロリーに換算すると，約539 cal[15]です。また，氷が水に変化するために必要なエネルギーは，１g当たり334 Jで，カロリーに単位換算すると，約80 calです。このように，１g当たりの物質の状態変化に必要なエネルギーを**潜熱**（せんねつ）といいます。

[13] これを水の**蒸発熱**とよびます

[14] ジュールはエネルギーの国際単位で，“J”という記号で表します

[15] カロリーもエネルギーの単位で，“cal”という記号で表します。**1 cal = 4.184** Jと定義されています。このため，水１gの蒸発熱は2,257(J)÷4.184≒539(cal)です。皆さんがよく聞くカロリーは基本的に“kcal”という単位で1 kcal = 1,000 calです

C. 液体であることの利点

水は状態が変化しにくいということを説明しましたが，私たちが日常生活を送っている条件下で，液体であるということも水の特徴であり利点の１つです。なぜなら，生物のからだは，決まった大きさであり，その決まった空間で，いろいろな物質が化学反応を起こさないといけません。また，化学反応を起こすためには，必ず２つ以上の物質が出会わないといけません。この条件を満たそうとすると，水が固体状態であると，物質を含む水自身の動きが乏しいために，化学反応に関係する物質同士が互いに場所を移動することができず，出会う確率が非常に低くなります。逆に，水が活発に動いている環境では，直接反応にかかわる物質が動かなくても，水がその物質と馴染んで一緒に動いてくれたり，ぶつかってくれたりすれば出会う確率が高まります。この点からすると，水は液体か気体の状態である方が都合がいいということになります。気体はからだの体積に合わないという問題点があるため，これらのことを総合すると，液体状態が一番都合がよいというところで落ち着きます。

D. ほかの液体ではダメなのか？

先ほど，水は私たちが日常生活を送っている条件下で液体であるといいました。しかし，日常生活を送っている条件下で液体であるのは水だけではありません。例えば，アルコールやエーテルといったものも液体です。では，どうしてそれらよりも水の方がよいのでしょうか？

まず，水は液体である温度範囲が，0～100℃と広いということがあ

げられます。また，私たちのからだの内部では，絶えずエネルギー（熱）が生み出されており，一方，外部からは，太陽などのエネルギー（熱）の影響を受けます。普通，熱を受けると，ものの温度は上昇します。水は，アルコールやエーテルなどに比べて，温度上昇がしにくく，その性質は液体状態のときが顕著です。例えば，40℃の水（液体）**1 gの温度を1℃上昇**させるために必要なエネルギー（熱量）[16]は，**1.00 cal**で，エタノール（エチルアルコール・液体）の場合では0.64 calです。これは，同じ熱量を得たとき，水よりもエタノールの方が温度が高くなることを意味します（図8）。そのうえ，水は，前にもいったように，ものと馴染む能力が高いという性質がありました。これに対して，アルコールやエーテルは，ものと馴染む性質に少しクセがあります[17]。これらのことも考慮すると，水は，とても私たちのからだにとって都合のよいバランスのとれた液体といえます。

⑯これを水の**比熱**とよびます

⑰クセがある理由については，第２章以降で説明します

以上，水の性質について確認してきました。これから栄養学で，特にからだのなかのことを勉強していくときには，このような性質をもった水がからだのなかを満たしていることを頭の片隅において，いろいろなことを考えなくてはいけません。

ではさらに，この水が皆さんがこれから勉強をスタートさせる栄養学にどのように関係しているのか，これからの学習の準備体操というつもりでみてみましょう。

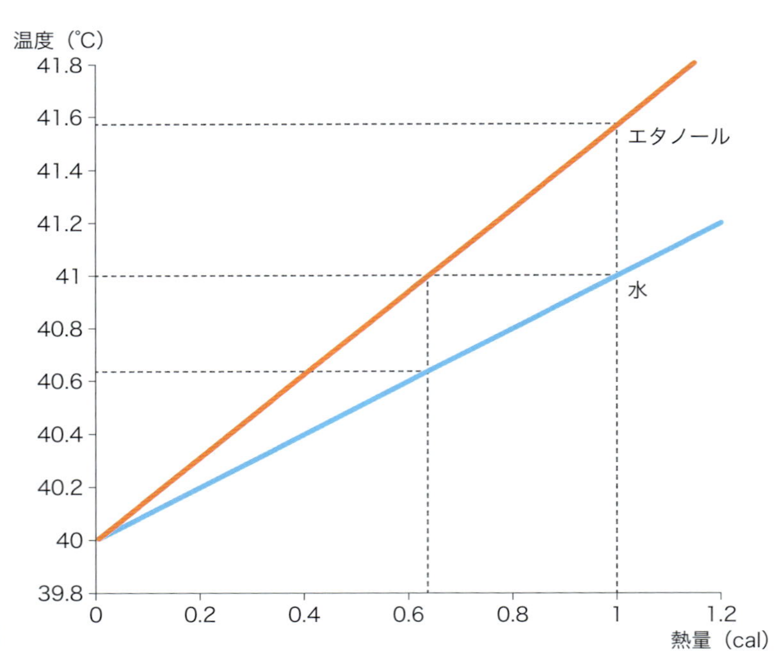

図８ 温度と熱量の関係

4 栄養学のなかの“水”

栄養学の勉強では，水そのものの話題でなくても，水に関係することが多く出てきます。その理由は，ここまで説明してきたとおり，皆さんのからだのなかは水に満たされていて，さまざまな化学反応は水のなかで起こっているからです。ここでは，その一部を少しだけ勉強します。それと同時に，栄養学を勉強するために，化学のなかのどのような知識が必要なのかも確認して，課題を見つけていきましょう。

A. ヒトのからだのなかの水

1）からだのなかにある水の分類

ヒトのからだのなかにある水を，まとめて**体液**といいます。その量は，成人（男性）で体重の約60％，乳児で体重の約70％，高齢者では体重の約50％です（図9）。ヒトのからだのなかの水は，1つの場所に集まっているのではなく，いろいろな場所に存在し，からだのなかでの役割もそれぞれ違います。

私たちのからだは，多数の**細胞**が集まってヒトという生物がつくり上げられています。そのため体液も，ヒトをつくり上げている1つひとつの細胞のなかにある水と，それら細胞の間にある水の2種類があります。細胞のなかにある水を**細胞内液**といい，細胞内液は体液の約2/3を占めます。そして，細胞と細胞の間にある水，すなわち細胞の外にある水を**細胞外液**といい，細胞外液は体液の約1/3を占めます（図10）。

また，ヒトのからだは多数の細胞が集まってできていることから，生命維持のための活動は，1つひとつの細胞で行われることと，それら1

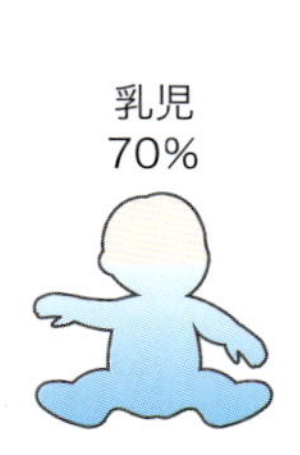

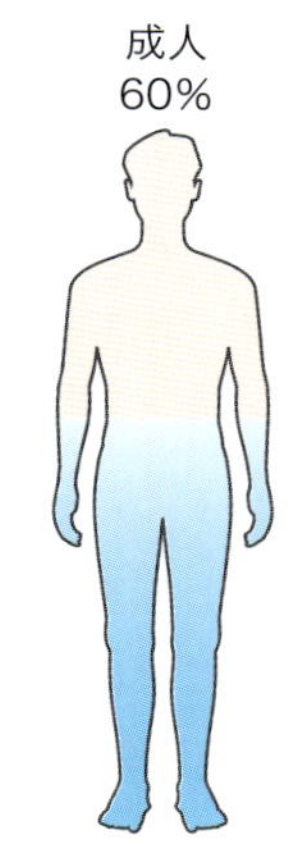

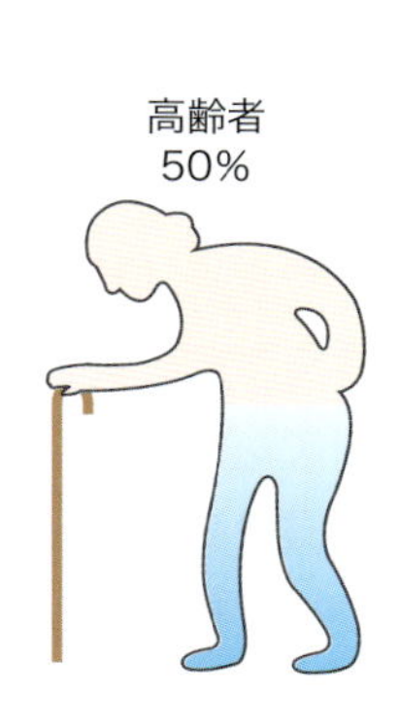

図9　加齢による水分量の変化

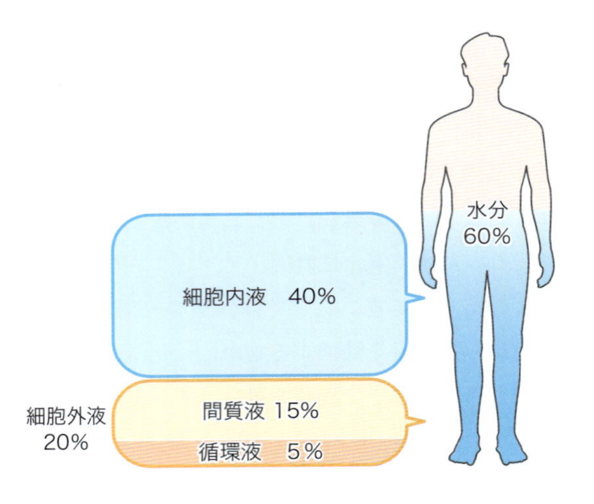

図10　**生体の水の区分（成人男性の場合）**

⑱**組織液**ともよびます

つひとつの細胞がほかの細胞と互いに連携しながら行われることの２種類があり，その両方を上手く行っていくことが必要になってきます。細胞外液は，さらに細胞外で留まっている水（**間質液**⑱）と，細胞外で動いている水（**循環液**）に分かれます。循環液は，皆さんもよく耳にする，**血液**と**リンパ液**を指します。細胞内液は，それぞれの細胞の形を維持したり，生命を維持するために必要な物質を細胞内に保たせ化学反応の場を提供したりしています。また，細胞外液は，必要な物質を細胞１つひとつに届けたり，あるいは細胞で利用して要らなくなった物質や余った物質を回収したりしています。

2）からだから出ていく水

ヒトのからだに関係している水は，からだのなかにあるものだけではありません。細胞で利用して要らなくなった物質や余った物質を細胞外液で回収した後，そのままにしておくと，いずれからだのなかは要らないものだらけのゴミ屋敷になってしまいます。それではよくないので，不要なものをからだの外へ出す必要があります。このときも，水を使います。主にからだのなかで要らなくなった物質や余った物質を出すための水が**尿**，そして，主にからだのなかで余ったエネルギー（熱）を出すための水が**汗**です。また，からだの外へ出て行く水は液体状態だけではなく，気体（水蒸気）の状態で出て行くものもあります。これを**不感蒸泄**（ふかんじょうせつ）といいます（図11）。

不要なものを尿として排出することは，水がほかの物質と馴染む性質をもっていることにより成立します。したがって，水が馴染むことができる物質の範囲が広いということは，私たちが生命活動を維持するために，いろいろな物質を利用することを可能にしてくれるということです。

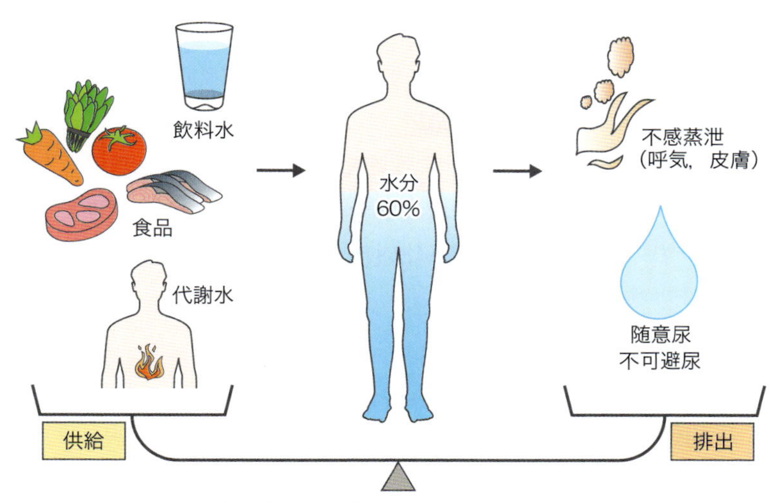

図11　からだに入る水と出ていく水
「基礎栄養学　第3版」（田地陽一/編），p152概略図，羊土社，2016より引用

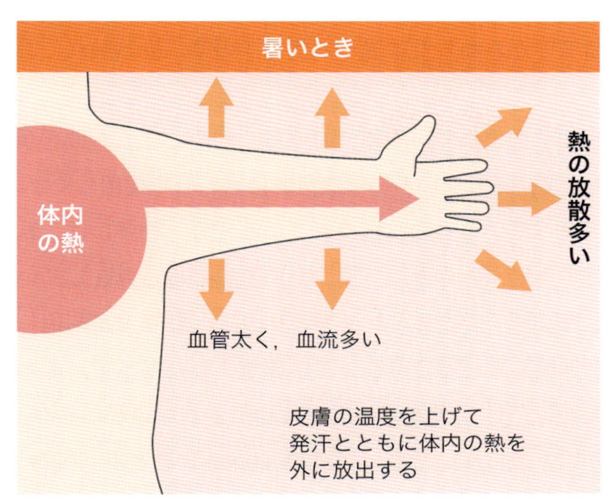

図12　体熱の放散
「応用栄養学」（栢下淳，他/編），p196図7，羊土社，2014より引用

また，汗や不感蒸泄も尿と同様に水の性質を利用した仕組みです。私たちはいつなにが起こってもいいように，必要としている以上の量のエネルギーを絶えず生み出しています。このとき，余ったエネルギーを必要以上にからだのなかに溜めておくと，いろいろな不都合なことが起こります[19]。余ったエネルギー（熱）を出す場合は，水が気体へ状態変化するときに，たくさんのエネルギーを必要とする性質を利用します。からだのなかを循環している水（血液）が余分なエネルギーを吸収して体表面（皮膚）まで移動し，そこで，水が気体になって私たちのからだから空気中へ出ていくことで，私たちのからだのなかは一定の温度に保たれています（図12）。

このようにみていくと，私たちのからだは，いつもある一定量の水を

[19] 余った熱を溜め込んでしまうと，からだはどんどん熱くなり，からだのなかの水もすべて水蒸気になってしまいます

失っていることがわかります。したがって，私たちが生きていくためには，“食物を食べる”ことも重要ですが，それと同じくらい，“水（水分）を補給する”ことも重要であることがわかると思います。

これらは，この章で学んだ水の性質を利用しているため，理解しやすいと思いますが，私たちのからだに関する水は，ほかにもあります。次に，私たちのからだがもつ機能に，より積極的に関係している水について少しだけ勉強します。

3）からだのなかでの水の役割

前章の「はじめに」で，私たちヒトの場合は通常，“食物を食べる”ことが“栄養”であるといいました。しかし，“食物を食べる”ことで“栄養”を成立させるためには，私たちヒト側にいくつかの機能が備わっていることが条件になります。その条件のなかの1つに，**“消化”**という機能があり，この機能にも水がかかわっています。この場合の水は，物質が存在する場所としてのかかわりとは違った例ですので，少し触れておきます。

通常私たちは，食物に含まれている成分のうち，利用できるものをからだのなかに取り入れて，それをいろいろな目的に合わせて使用します。しかし実際は，毎日食べている食物に含まれている成分（物質）は，私たちがすぐに利用できる形（大きさ）では，たいていの場合存在していません。具体的にどんな形で存在しているかというと，私たちが利用したい物質がいくつか連結した状態で存在しています。したがって，その食物をただ口にしただけでは，食物中の成分は利用されないどころか，ヒトのからだのなかにも入らないため，“食物を食べる”ことで“栄養”を行うという目的を達することができない状態になります。

そこで，栄養のためにヒトが行わないといけないのが消化です。消化とは，食物中に含まれるヒトが利用したいものを利用できる形にする機能，すなわち，連結している**結合**を1つひとつ切断して，利用できる大きさにするということです（図13）。これは化学反応であり，この結合を切断するときにも，水が重要な役割を果たします。私たちが利用しようとする食物中の成分の連結は，連結しようとするもの同士から水分子がとれて新たな結合を形成[20]してつながっています。そのため，今話題にしている消化はその逆で，特定の結合へ水を近づけることによって結合が解消[21]されバラバラになります。そして，バラバラになったものは，私たち，ヒトがからだのなかに取り入れて，利用することができるということです。この場合，水は，その水自身が生物のからだで起こる化学反

[20]このように結合を形成することを**脱水縮合**とよびます

[21]このように結合を解消することを**加水分解**とよびます

ヒトが利用できる形

グルコース

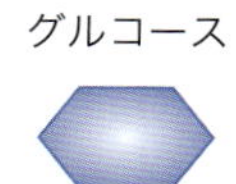

食物中に存在している形

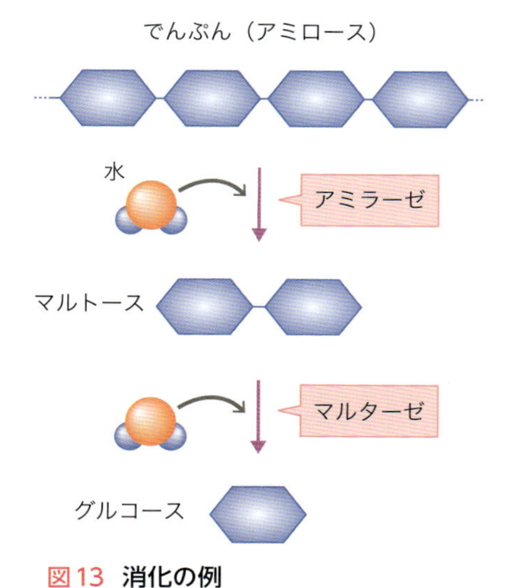

図13　**消化の例**

応に直接，材料としてかかわってきます。もちろん，消化の反応を起こす場所を提供する物質としても，これまでどおり水は存在しています。

　このようなからだのなかの水，あるいは消化の機能についての詳細は，解剖生理学をはじめとする科目でしっかりと身につけてください。

B. 食物（食品）と水

　栄養学の基本は，ヒトのからだを中心にして，からだと外から取り入れる物質との関係をみていくことであるため，外から取り入れる物質（食物）にも注目しなければなりません。栄養学のなかの“水”は，私たちが日頃食べている食物などにも深くかかわっています。そのいくつかについて，少し考えてみましょう。

1）食品の安全性を保つための水

　私たちは食物中に含まれる成分を，生命を維持するために利用していることは，これまでに何度かお話ししてきました。食物は，私たちが健康に生きていくために利用するのであって，逆に健康を害するものであってはなりません。口にする食物は，安全でないといけないのです。そしてじつは，食物を安全なものにするためにも，水がかかわっています。

私たちは，“食物を食べる”ことで“栄養”を行っているため，常に私たちの身の回りには食物がないといけません。しかし実際は，すぐに手に入る近い場所にいろいろな食物があるわけではなく，また，欲しい量が欲しい分だけ都合よくあるわけでもありません。食物が遠くの場所にある場合，私たちの手元に来るまでにある程度の時間がかかってしまいます。このようなとき，食物によっては，傷んでしまうかもしれません。あるいは，欲しい量よりもたくさんの量を手にした場合，使った残りの食物は，なにもしないで放置しておくと傷んでしまいます。傷んでしまった場合は，その食物を諦めるというのも1つかもしれませんが，そのようなことばかりしていると，私たちのからだが必要とするものが満足に摂取できなくなる可能性が出てきます。それでは，“栄養”の目的を果たせません。

そこで，食物を傷みにくくするために，何らかの工夫を考えます。その工夫におけるポイントの1つが食物のなかの水です。私たちが，日ごろ口にする食物ももとは，植物や動物という生物です。したがって，当然，水が含まれています。そして，その水の所在は，これまでの話にもあったように，食品に含まれている物質と馴染んでいる水[22]もあれば，ただ存在しているだけの水[23]もあります。

[22]ほかの物質と馴染んでいる（結合している）水を**結合水**とよびます

[23]物質のなかでなにとも結合せず自由な状態なので**自由水**とよびます

傷みにくくすることを考えるときは，ただ存在しているだけの水である**自由水**をどう扱うかが1つの鍵になってきます。例えば，葉物の野菜だと，採りたては，葉の部分がシャキッとして，歯ごたえもよく美味しいですが，時間が経ってくると，だんだんとしなびてきて鮮度も落ち，歯ごたえもなくなり美味しくなくなります。いわゆる，傷んだ状態です（図14）。葉がシャキッとして歯ごたえがいいのは，なかに大量の水が含まれているからで，傷んだ状態ではその水が失われています。できるだけ，野菜のなかの水を野菜の外へ逃がさないようにする工夫が傷むことから防ぐことになります。

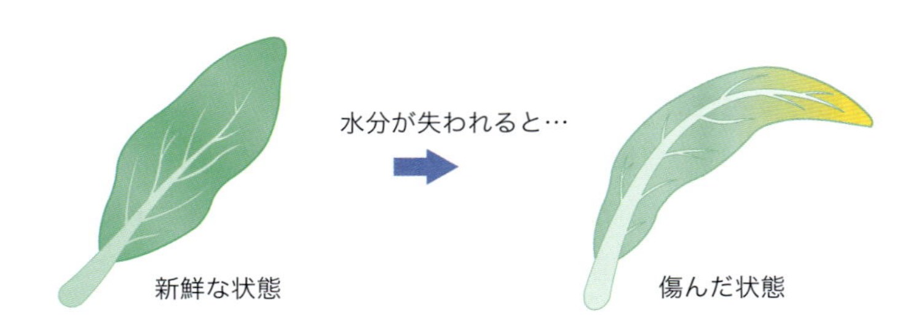

図14　傷んだ状態への変化

また，食物の傷みかたにもいろいろあって，別の例をあげると，日常よく見かける**“腐る”**という現象があります。この腐るというのは，食物に付着した細菌などの微生物が食物の成分を変化させ，ヒトが食べられない状態にしてしまうことです。細菌も生物ですから，“栄養”を行って生きているだけなのですが，その活動が私たちにとって，負の影響をもたらすので腐ったという言葉を使っているだけです[24]。付着した微生物には何の罪もないのです。しかし，私たちにとっては望ましくないことであるため，腐らないように工夫する必要があります。

[24] この逆で，ヒトにとって有益な変化を微生物が起こすことを**発酵**とよびます

この場合に，細菌などが主に利用する水は食物中に存在する自由水です。先ほどの野菜のときとは逆で，自由水を微生物に利用させないように，食物から自由水をとり除く工夫が食物を傷むことから防ぐことになります（図15）。

2）調理のための水

また，日ごろ口にする食物は，たいていなにか手を加えてから食べると思います。手を加える例としては調理（料理）があげられます。そして調理にも，水の性質を利用したものがたくさんあります。

皆さんのなかで，日ごろから料理をよくする人は，料理のなかで水が，洗ったり，茹でたりなどいろいろな場面において出てくるのがわかると思います。ここでは，少し化学を意識するために，あえて**“蒸す”**ことを取りあげます。

蒸すという調理法は，大きな鍋や蒸し器を使って行います。大きな鍋の場合は鍋の底にある程度水を張って，蒸し器の場合は下の部分に水を入れて，まず水を沸騰させた後，食材を上部（水の外）に置きます。もっと化学的に説明すると，水を液体状態から気体状態に変化させ，水蒸気で満たされた空間に，食品を入れて食品を加熱します。この調理操作では，どのようなことが起こっているのでしょうか？

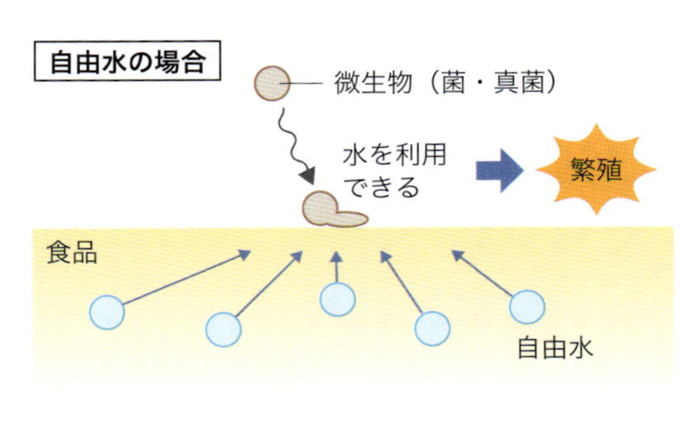

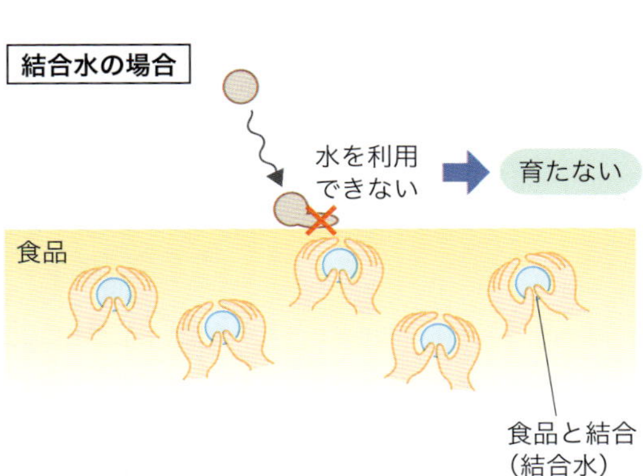

図15　食品中の水と微生物

水の性質のところで，水は液体から気体へ状態が変化するために，大きなエネルギー（熱）を吸収する必要があると勉強しました。これは，見方を変えると，気体となった水は大きなエネルギーをもっているということです。蒸すときは鍋のふたは閉じられていますから，水がせまい鍋の空間を動き回っています（図16）。その状態のなかへ，食品が入ってくると，当然，水は食品にぶつかります。そうすると，水は自分より温度の低い食品にエネルギーを奪われて，液体に戻り，鍋の底に落ちます。また，その水は再び熱源（コンロの火など）によって熱せられ（エネルギーを得て）気体へ変化して，また食品とぶつかり，エネルギーを食品に奪われます。このくり返しが蒸している間ずっと起こっています。このくり返しのなかで，温度が低かった食品は，直接，熱源と接していないにもかかわらず，ぶつかってきた水からどんどんエネルギーをもらって（加熱されて），温度が上昇していきます。

このように蒸す操作をみると，これまでと違って，普段の生活に化学があることが理解できると思います。それと同時に，蒸す操作を行うときに注意すべきこともみえたと思います[25]。これが，「はじめに」でいったこれからの勉強，皆さんなら栄養学の見方の第一歩です。このような見方は，すぐに身に付くことではありません。地道に１つひとつ，くり返し行って，身に付くのです。そのときに大切なのが，なにかを行うときになんとなく行うのではなく，いつも「どうして？」や「これはな

[25]蒸す操作を行うときに注意すべきことは，水が沸騰し，水蒸気が充満してから食材を入れることです。エネルギーをもってぶつかる水がなければ，いつまでも食材は加熱されません

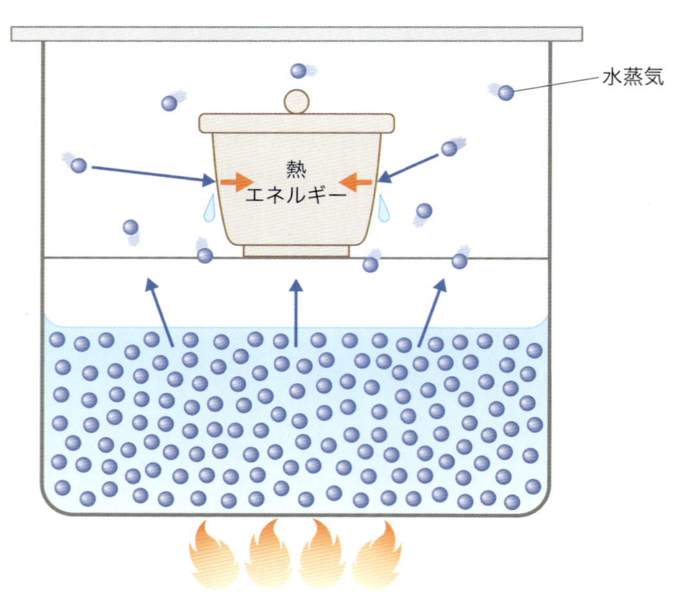

図16　蒸し料理の化学

に？」と思いながら行うことです。このような説明をしたにもかかわらず皆さんの先輩のなかには，残念ながら，実習授業のなかで茶碗蒸しをつくるとき，蒸し器に水を入れ，同時に蒸すものも入れてからコンロの火をつけて，いつになっても蒸し上がらず，周りからとり残されていく人がいました。皆さんは，このようなことにならないでくださいね。

これ以外にも，食品と水のかかわりはたくさんあります。それらについては，食品学や調理学などで，しっかりと身に付けてください。

ここまで，私たちのからだにとって，とても大きな役割を果たしている水について，その一般的な性質や栄養学とのかかわりをみてきました。そのなかで，皆さんは「これまでこのような目では物事をみていなかったな」とか，「これまでいつも不思議と思っていたことが少し解決したな」とか，「また新たに疑問が増えたな」とか，いろいろな思いをもったことでしょう。それがこれからは大事で，なにか思ったときは，そのままにせず，さらにその思いを満足させたり，あるいはその思いを解決するために，皆さん自身で次の行動へ移ることが必要です。そのことが，皆さんの知識を増やすことや，皆さんの自信につながっていきます。

では，次に進んでいきましょう。

第2章
元素・原子・分子とはなにか？

元素と原子の
違いについて
理解しましょう

原子同士の
結合方法について
整理しましょう

周期表から
なにが読み取れるか，
どのように活用できる
かを学びましょう

物質の状態変化が
なぜ起こるのかを
理解しましょう

1 元素と原子（分けられるもの分けられないもの）

この章では，少し細かくて理屈っぽい話をしていきます。「それだから，化学は嫌だ」といわれるかもしれませんが，皆さんにとって化学が重要な理由は，本書の「はじめに」でお話ししました。専門家として話をするときに，優しい言葉にする場合でも，専門家同士で意見交換する場合でも，物事の本質のところをきちんと押さえておかないと，皆さんが発した言葉に重みも信頼も得ることはできません。ですから，ここはひとつ，頑張って乗り切ってください。この章をしっかり頑張って乗り切ると，もしかすると，その後が少し理解しやすくなるかもしれません。

ではさっそくはじめましょう！ 第1章で水の性質の話をしたとき，元素や原子といった言葉が出てきました。そのときは，言葉にこだわるよりも，もっと大切な水について知ってほしかったので，細かいことはいいませんでしたが，この章では，そういった言葉を中心にきちんと確認していきます。

A. 混合物と純物質

これまでの章で，私たちの身の回りにあるものは，物質からできているとお話ししました。その物質のなかには，分けることができるものと，分けることができないものがあります。ものを分ける（分離）操作[1]によって，分けることのできる物質を**混合物**といい，分けることができない物質を**純物質**といいます。

例えば，泥水は**ろ過**という操作を利用して，水と砂に分けることができます（図1）。したがって，泥水は混合物です。しかし，水はろ過やそれ以外の分離操作[2]を利用しても分けることができません。よって，水は純物質となります。

ここで，皆さんのなかで，「あら，そう」と納得する人と，「何だか，ちょっと…」となにかが引っかかって消化不良という人がいるのではないでしょうか。特に，第1章で水をしっかりと勉強した人や高校時代などに化学をある程度しっかりと勉強した人は，なにかが引っかかっているのではないでしょうか？ その理由は「水は，**電気分解**[3]を行うと，水素と酸素に分けられるんじゃないの？」や「水を化学式で示すとH_2Oだから1種類のものからできていないんじゃないの？」という疑問が生じているからではないでしょうか。

確かに，水はさらに水素と酸素に“分けられます”。また，私たちが，

[1] 皆さんがこれまでに理科実験でものを分けたいときに行った操作（ろ過など）のことです

[2] 蒸留や分留，抽出，再結晶などがこれにあたります

[3] 水の電気分解とは，水（正確には薄い水酸化ナトリウム水溶液）に電極を刺し電圧をかけることで，陽極で酸素，陰極で水素が発生する分解方法です。中学や高校の理科実験で実際に行った人も多いのではないでしょうか

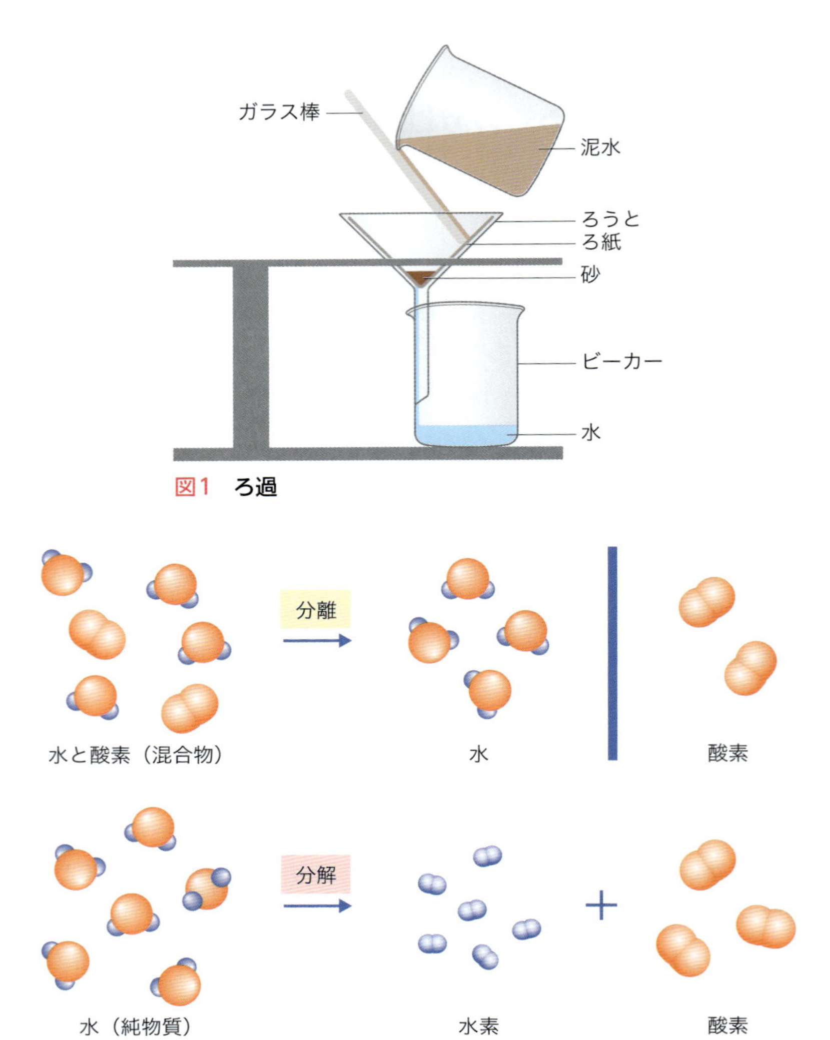

図1　ろ過

図2　分離と分解

日ごろ普通に生活しているなかでは，“分離する”ことも“分解する”ことも，特に意識的に区別することなく“分ける”という言葉で片付けてしまいます。しかし，化学の世界では違います。**“分離する”**ということは，いろいろと混ざっているものの1つひとつの性質を壊すことなく，その1つひとつを分けることです。一方，**“分解する”**ということは，ものの性質が保たれる保たれないに関係なく，そのものをバラバラに分けることです（図2）。よって，ろ過などで分離された水は，第1章で勉強したような性質をもったものですが，分解された水は，性質が変わるどころか水でなくなってしまいます。したがって，純物質というのは，“分解”ではなく“分離”によって化学的な性質が単一になった物質ということです。

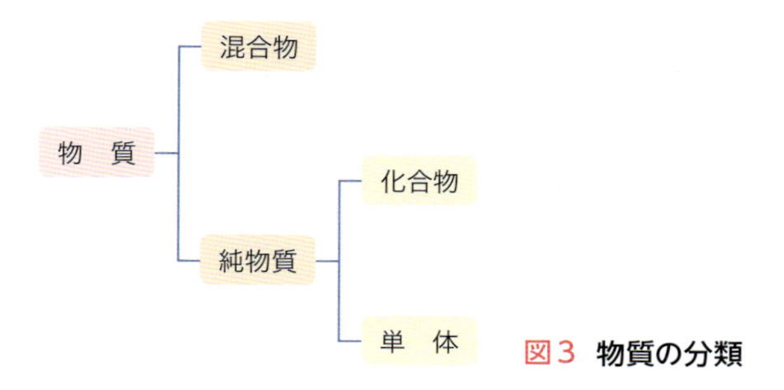

図3 物質の分類

B. 元素と原子

さて，長い前置きになりましたが，ここから，元素と原子について解説します。

1）元素とはなにか

化学的な性質が単一となった物質である純物質は，それ以上分けることができないかを考えてみましょう。ここでの分けるは，“分解する”の方であり，その物質を構成している基本の成分に分けるという意味です。そして，そのようにして分けたときの基本の成分１つひとつを**元素**といいます。例えば，第１章から登場している水は，水素元素と酸素元素という２つの基本の成分に分けられる純物質ということになります。つまり言い換えると，水は水素元素と酸素元素の２種類の元素からつくり上げられているといえます。このように２種類以上の元素からつくり上げられている純物質を，**化合物**といいます（図3）。また，純物質のなかには，２種類以上の元素からつくり上げられたものばかりではなく，１種類の元素のみでつくり上げられているものもあります。そういったものを**単体**といいます。例えば，水の分解で生じた水素や酸素は，どちらも純物質です。しかし，それらは，水のように何らかの方法で分解しようとしても，それ以上，ほかの成分には分解することができません。よって，水素や酸素は単体です。

2）原子とはなにか

物質を“分解する”方法には，いろいろあります。先ほどは，成分に着目して，物質をバラバラにしていきました。次は，形・大きさに着目して，物質をバラバラにすることにします。

話の流れからすると，このまま水素と酸素について解説したいところですが，日常生活では，水素や酸素は気体の状態で存在するので，目でみることができません。それでは，これからの話を皆さんがイメージしにくいと思うので，例を鉄に変更します。

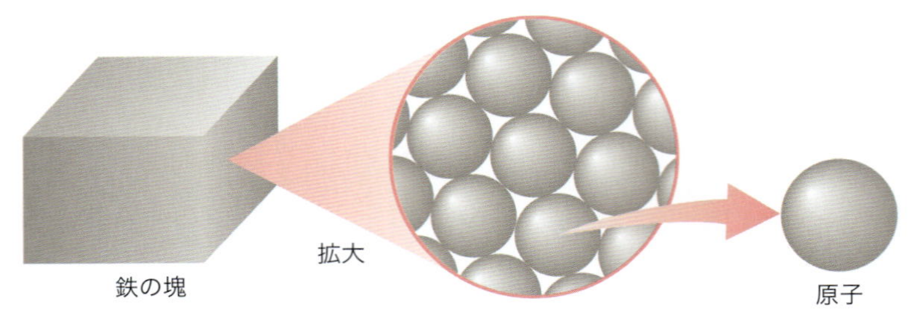

図4　**原子の存在**

ここで取り扱う鉄は，成分も単一になった単体であり，鉄元素でつくり上げられています。皆さんは，鉄といえば，重いドカーンとした塊をイメージすると思いますが，その鉄の塊は，１つの塊で，それ以上バラバラにすることはできないのでしょうか？ 一見すると，１つの塊にみえていたものも，詳しく拡大してみてみると，じつは小さな粒子が寄せ集まってできていることがわかります（図4）。そして，その構成している粒子をバラバラにしていくと，やがて，さらに細かくすることはできるけれど，これ以上細かくすると元素の違いがわからなくなってしまうという粒子の大きさがやってきます。そのような大きさになった粒子を**原子**といいます。したがって，皆さんがイメージした鉄は，鉄原子がいくつか集まってできているということです。

3）元素と原子の使い分け

元素も原子も物質を構成するものですが，**構成する成分**のことをテーマにしたいときは，物質を構成しているものは**元素**となり，**構成する形（構造）**をテーマにしたいときは，物質を構成しているものは**原子**となります。第１章で水の性質の説明として，「水は酸素元素（O）と水素元素（H）という，２種類の元素からつくられています」ということと，「水の構造は，１個の酸素原子の両側にそれぞれ１個水素原子が結合しています」ということをお話ししたと思います。そのとき「同じようなことをいっているのに，用語が違うのはなぜ？」と思った人もいたかもしれませんが，“構成する成分”の話をするときは元素，“構成する形（構造）”の話をするときは原子と使い分けることを学んだ今なら，すっきり理解できるのではないでしょうか。

C. 元素の性質はなにによって決まるか？

原子は，粒子としてはまだバラバラにできるけれど，実際にしてしまうと，元素としての違いがわからなくなると説明しました。では，逆に，それぞれの元素の違いは，なにによって決まるのでしょうか？ 次は，その部分をはっきりさせるために，少し詳しく原子の構造についてみていきましょう。

1）原子の構造

原子をさらにバラバラにしていくと，負の電荷をもった粒子である**電子**と，**原子核**に分かれます（図5）。そしてさらに，原子核は，正の電荷をもった粒子である**陽子**と電荷をもたない**中性子**に分かれます。陽子と中性子においては，さらに分けることができる[4]のですが，皆さんがこれから学ぶ栄養学の勉強には，あまり必要ではありませんから，「原子は，電子，陽子，中性子といった粒子からつくられている」と理解すれば十分です。

[4] クォークとよばれる粒子です。詳しく知りたい人は調べてみてください

しかし，原子の構造以外にも，基本的なことを，もう少し知っておく必要があります。それは，原子を構成している粒子のなかで，陽子の数と電子の数は同じということ，そして，陽子の数がその原子の**原子番号**とよばれることです。また，陽子の数と中性子の数を足したもの，つまり，原子核を構成している粒子の数はその原子の**質量数**ということです（図6）。これらのことは，後に必要となってきますので，覚えておいてください。

2）陽子の数が元素の性質を決める

上記のことから気づいた人もいるかもしれませんが，元素の違いは，原子を構成する粒子の数，特に，陽子の数が異なることによって生まれます。

そこで再び，水を構成している水素元素と酸素元素に登場してもらい，これらのことを確認しましょう。

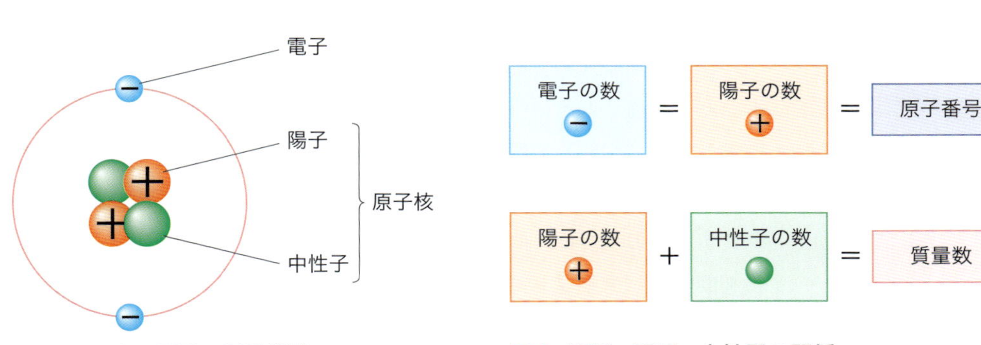

図5 ヘリウム原子の原子構造

図6 陽子・電子・中性子の関係

例題 **水素元素の原子番号は1で，質量数は1です。水素原子を構成する陽子，中性子，電子の数を求めよ。**

先ほど説明したとおり原子番号は，陽子の数でした。したがって，水素原子の陽子の数は1個となります。また，陽子の数と電子の数は同じでしたので，水素原子の電子の数は1個となります。ここまでは，考える必要なしに簡単に求められました。

では，中性子の数はどうでしょうか？ 質量数というのは，陽子の数と中性子の数を合わせた数です。上記のとおり，陽子の数は1個であることがわかっているため，質量数が1であることから，中性子の数は1－1＝0個となります。したがって，この問題の解答は，**陽子1個，中性子0個，電子1個**です。

水素元素だけでは，何だかバランスが悪く，心地が悪いので，同じように酸素元素についても求めてみましょう。

例題 **酸素元素の原子番号は8で，質量数は16です。酸素原子を構成する陽子，中性子，電子の数を求めよ。**

原子番号が8ということから，酸素原子の陽子の数と電子の数は，それぞれ8個となります。また，質量数が16であることから，中性子の数は16－8＝8個となります。したがって，この問題の解答は，**陽子8個，中性子8個，電子8個**です。

皆さんのなかに，なにかが引っかかっている人はいませんか？ きっと「元素の違いは，なにも陽子の数と決めなくてもいいんじゃないの」と思っているのではないでしょうか？[5]「そうです」といいたいところですが，そうはいかないのです。

[5]中性子や電子の数も元素によって違うのだから，中性子や電子の数が性質を決めているといってもいいように思えるからですよね

3）陽子数が同じでも中性子数が異なることがある　～同位体（アイソトープ）の存在～

じつは，同じ元素であっても，原子の構造がすべて同じとは限りません。どこが違うかというと，同じ元素であっても質量数が異なる原子が存在します。しかし，質量数が異なる場合でも陽子の数はそれぞれ同じです。つまり，それら原子を構成する中性子の数が互いに違うということです。このように，同じ元素であって，質量数の異なる原子同士の関係を**同位体（アイソトープ）**といいます。そして，ほぼすべての元素に同位体が存在します。例題であがった水素原子には，問題となった質量

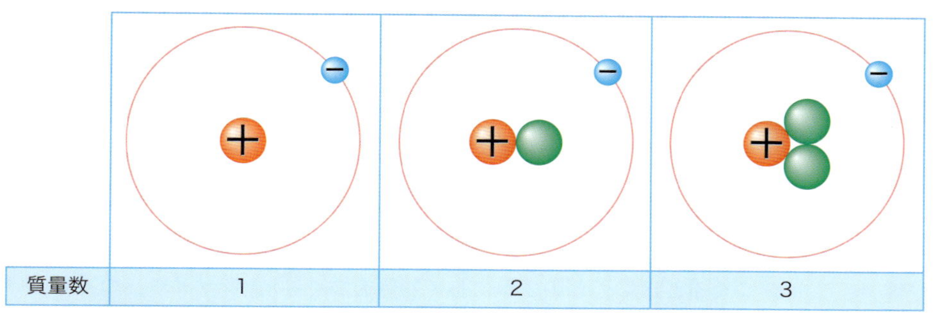

図7　水素の同位体

数1の水素原子のほかに，質量数2と3の水素原子が存在します（図7）。また，酸素原子には，質量数16のほかに17と18の酸素原子がそれぞれ存在します。したがって，水素原子には，中性子の数が0個，1個，2個のものが存在し，同じように，酸素原子には，中性子の数が8個，9個，10個のものが存在します。つまり同じ元素であっても中性子数が異なることがあるため，中性子数をもとに元素を決めることはできません[6]。

ここまでの元素や原子についての話は理解できましたか？ さらに，話を進めていきます。

[6]電子数は基本的に陽子数と同じですが，電子数で元素の性質を決められない理由は，“イオン化”によって，同じ元素でも電子数が増えたり減ったりするからです。イオン化については次項で詳しく解説していきます

2 周期表を読み解く

皆さんは今までに，化学の教科書や理科室の掲示物などで，**周期表**（本書表紙の裏，元素の周期表参照）というものをみたことはありませんか？ 簡単にいえば，物質を構成している元素の一覧表なのですが，ただの一覧表であれば，化学の教科書や理科室の掲示物にはなりませんし，わざわざここで話題にもあげません。話題にあげるということは，周期表には，知っておかなければならない重要なことが示されているということです。

A. 周期表の成り立ち

周期表のはじまりは，1869年にロシアのメンデレーエフによって，その当時知られていた元素（63種類）を原子量[7]の順に並べていくと，性質の似た元素が周期的に現れてくることが発見されたことにあります。そして，今皆さんがみている周期表は，その後発見された元素などが追加され，原子量順だったものが**原子番号順**となっています。

[7]原子量の説明は第3章で行います

この周期表で，横の行を**周期**，縦の列を**族**とよび，周期は第1周期から第7周期まで，族は第1族から第18族まであります。メンデレーエフが発見した，周期的に現れる性質の似た元素は，周期表の縦の列に並んでいます。つまり同じ族の元素は，似た性質をもつということです。周期表は，元素自身の性質を私たちに教えてくれるのはもちろんですが，そのこと以外にも，それぞれの元素がほかの元素と一緒になって物質をつくるときに，どのようにして物質をつくり上げるか[8]や，つくり上げた物質がどのような性質をもつか[9]などを推測するための手がかりを教えてくれます。そのような周期表をただの元素一覧表にしないために，周期表から読みとれることをもう少し詳しくみていきましょう。

[8] 結合の仕方のことです（「本章3.分子とはなにか？」を参照）

[9] 状態の変化のしかたやほかの物質との反応のしやすさといった性質があげられます（「本章4.物質の状態」を参照）

B. 周期表からわかる元素の性質

まず，周期表ではそれぞれの元素がその元素をあらわす**元素記号**で示されています。そして，元素記号の左下には，その元素の**原子番号**が書かれており，下には**元素名**と**原子量**が示されています（図8）。また，その元素が周期表のどの位置にあるかでも，一般的な性質を知ることができます。

例えば，周期表の左下から中央部分にかけての範囲のなかにある元素の単体は，金属の性質をもつ元素（**金属元素**）であり，右上を中心とした残りの範囲のなかにある元素の単体は，金属の性質をもっていない元素（**非金属元素**）です。そして，それらの境界に位置する元素の単体は，その両方の性質をもっています。さらに，第18族を除いて一般的な傾向として，周期表の左下の部分にある元素は，化学反応などを含めてほかの元素と関係を築くとき，電子を放出して自身は正の電荷を帯びた粒子（**陽イオン**）になりやすい性質をもち，一方，その対極にある右上の部分にある元素は，ほかの元素と関係を築くとき，相手から電子を奪いとって自身は負の電荷を帯びた粒子（**陰イオン**）になりやすい性質をもっています（図9）。

ここで注意しなければいけないことがあります。一般的な会話のなか

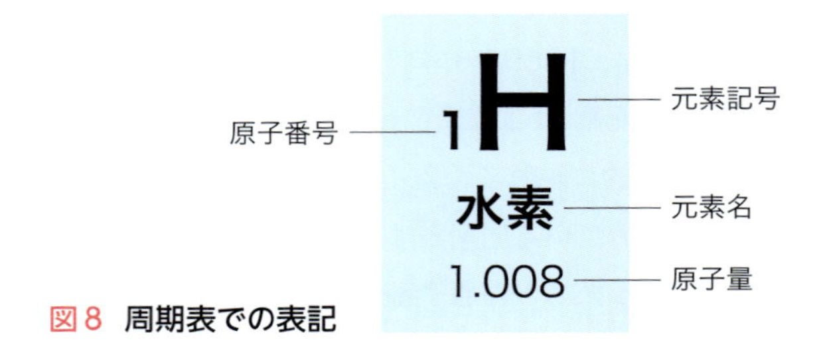

図8 周期表での表記

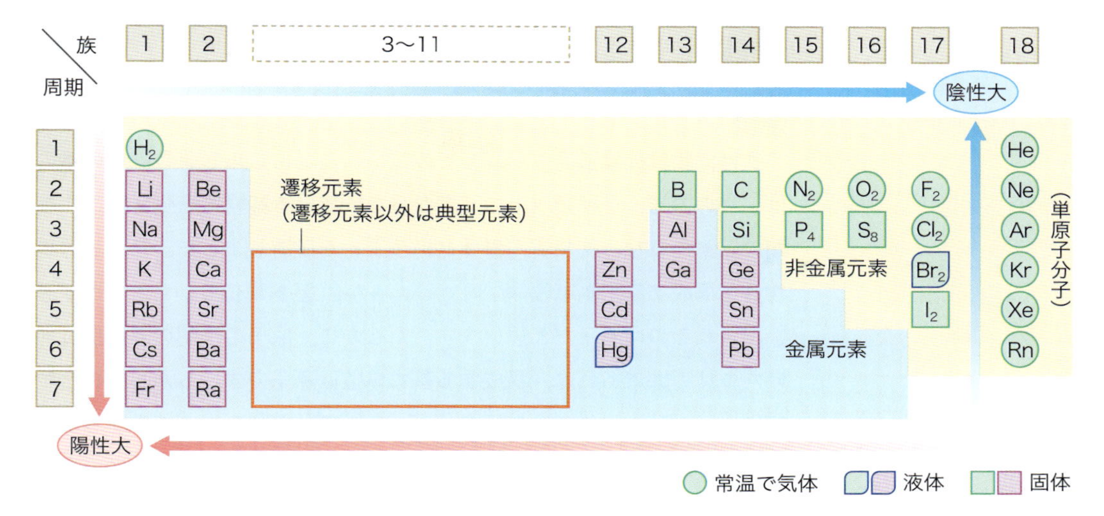

図9 イオンへのなりやすさ
「化学」(竹内敬人,他/著),p193 図1,東京書籍,2013より引用

では,「この元素は陽イオンになりやすい」というだけで事足りるかもしれません。しかし,本書の「はじめに」でお話ししたように,異なった専門分野の人たちが協力してなにかをしようとする場面などにおいて,「陽イオンになりやすい」という表現では,うまく仕事が進んでいきません。なぜなら,何人かの人が協力して仕事をする場合に重要になるのが情報を共有するということです[10]が,「陽イオンになりやすい」だけで終わってしまうと,「少しだけ」と捉える人や,「非常に」と捉える人がいるかもしれません。それでは,うまくいかないことは想像できますよね。したがって,どのくらい陽イオンになりやすいのかまで同じ感覚でいないといけないということです。では,どのようにすればよいのでしょうか? それは,その度合いを数値の大小であらわせばよいのです。そこで,陽イオンになりやすいかなりにくいか,または,陰イオンになりやすいかなりにくいかをあらわす指標に**電気陰性度**というものがあります。その元素の電気陰性度の値が小さいと陽イオンになりやすい,値が大きいと陰イオンになりやすいとなります。周期表上では,左下から右上に向かって,電気陰性度の値は大きくなります(図9)。

以上のようなことが,周期表上で知ることのできる元素自身の性質です。これらの情報の応用方法は,必要に応じて次項や次章以降で確認していきますので,とりあえず,周期表上で知ることができる元素自身の性質についてここまでの内容を整理しておいてください。

[10] “情報を共有する”ということは,ただ情報を伝えるだけでは不十分です。そのことにかかわる人たちが同じ認識をもっていなくてはいけません

3 分子とはなにか？

次は，物質の構造を少し詳しくみていくことにしましょう。この章のはじめの方で，2種類以上の元素からなっている純物質を化合物，1種類の元素からなる純物質を単体ということを確認しました。これらの純物質を構成する基本単位は，何でしょうか？ 基本単位といわれてまず思い出されるのは原子だと思います。たしかに，原子の説明の際に例にあげた単体の鉄であれば，構成する基本単位は原子です。しかし，化合物では原子が基本単位ではありません。そして，単体であっても基本単位が原子ではないものも，実際には存在します。これらのことを頭の片隅におきつつ，物質の構造について考えていきましょう。

A. なにとなにを結合させるか？

前項のなかで，周期表上にある元素は，大きく金属元素と非金属元素に分けることができるということを説明しました。つまり，元素によって物質がつくられていく場合の組合わせとしては，**金属元素同士**，あるいは，**非金属元素同士**，**金属元素と非金属元素**の組合わせが考えられます[11]。では，それらの元素がどのようにしてくっつく（結合する）かを考えていきましょう。

⓫これらの組合わせが実際に存在するかどうかは後ほど説明します

例として再び，水に登場してもらいます。水は，以前にも確認したように，水素元素と酸素元素からつくられています。また，その構造は，水素原子２個と酸素原子１個で構成されています。前項の図９で確認すると，水素も酸素も非金属元素ですので，水は非金属元素同士の組合わせでできた物質ということになります。それでは，水素原子２個と酸素原子１個はどのように結合しているのでしょうか？

B. 非金属元素同士の結合

図９で改めて水素と酸素の位置を確認してみましょう。水素は第１族の第１周期，つまり，周期表の左上の一番端，そして，酸素は第16族の第２周期にあります。前項で周期表の位置から化学的性質を推測することが可能であり，左下から中央部分にかけて配置されているのは金属元素，残りの右上を中心とした部分に配置されているものは非金属元素といいました。そこから考えると，酸素は周期表の規則にはまった非金属元素の場所にありますが，水素は規則的にみると金属元素の場所にあるにもかかわらず，非金属元素に分類されています。このことから，少

し水素は曲者かもという感じがしますね。しかし，非金属元素には違いありません。

先ほど解説したとおり，周期表上で非金属元素は，一般的に右上の方に配置されています。したがって，化学的な性質からいうと，電気陰性度の数値が大きいということです。言い換えると，相手から電子を奪いたい性質が強いということになります。この性質が意味することは，その元素は電子をもらった方がそうでないときよりも安定化して落ち着いた状態になるということです。

しかし，非金属元素同士の場合は，結合しようとするもの同士がどちらも電子を奪いたい性質をもっているため，電子を奪い合うような喧嘩をしないように，互いに妥協し合い一部の電子を共有して安定な状態をつくります（図10）。つまり，この **“電子を共有すること”** が非金属元素同士の結合であり，この結合が安定化した粒子のかたまりをつくり上げているのです。このような結合のことを**共有結合**とよび，共有結合によってつくられた粒子のかたまりのことを**分子**とよびます。

よって，水の場合も，水素原子２個と酸素原子１個が共有結合によって結合し，水分子をつくっています。このように，非金属元素同士でつくり上げられている物質の場合，分子がその物質の基本単位となります。これは異なった非金属元素同士の結合によってつくり上げられた物質に限らず，１種類の非金属元素からなる物質においても同様で，その基本単位は原子ではなく，分子です。例えば，酸素や水素もその基本単位は，２個の酸素原子が互いに共有結合した酸素分子，あるいは，２個の水素原子が互いに共有結合した水素分子です（図11）[12]。この流れに乗って，

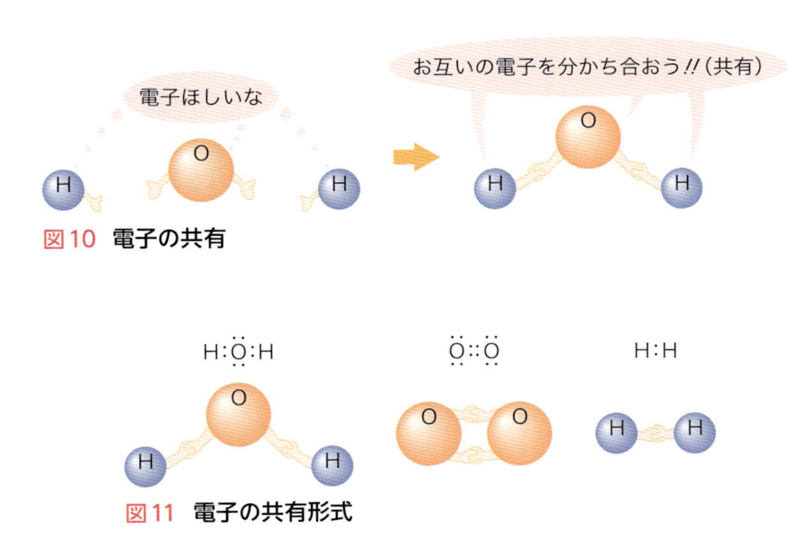

図10　**電子の共有**

図11　**電子の共有形式**

[12] 図11に書き添えた，電子の数を点であらわした式を**電子式**といいます。元素記号の間に点が２個ある場合は１つの共有結合ができていて，点が４つあるところは２つの共有結合ができています（イラストでは手が１本だったり２本だったりしていると思います）。このとき，１つの共有結合は単結合，２つの共有結合は二重結合とよばれます。電子式の書き方や各原子の電子の数の考え方をさらに知りたい方は，高校の「化学」の教科書をもう一度読んでみるとよいかもしれませんが，ここでは「酸素の手は２本，水素の手は１本」と覚えてもらうだけでも問題ありません

第2章　元素・原子・分子とはなにか？

非金属元素同士以外の元素の組合わせについてもみていきましょう。

C. 非金属元素と金属元素の結合

次は，非金属元素と金属元素の組合わせについて考えてみることにしましょう。非金属元素は，周期表での位置から，電子を奪いとって負の電荷を帯びた粒子である陰イオンになる性質をもち，一方，金属元素は，電子を放出して正の電荷を帯びた粒子である陽イオンになる性質をもちます。したがって，非金属元素同士の場合と違って，この場合は，互いに絶好の相手です（図12）。非金属元素は，金属元素から電子をもらって陰イオンに，金属元素は，非金属元素に電子を渡して陽イオンになります。

電子の受け渡しによって互いに満たされてしまえば，「じゃあ，さようなら」といって別れたいところですが，ここで新たな力が生まれます。それは，正と負によって生じる電気的な互いを引き付け合う力です。これによって，元素は離れることができず，くっついて粒子のかたまりをつくります。この**電気的な引力（クーロン力）**によってできた結合を**イオン結合**といい，生じた粒子のかたまりを**イオン結晶**といいます（図13）。

私たちの身の回りのものでいうと，生野菜に振りかけたり，料理の味を整えるときに振ったりする**塩（塩化ナトリウム）**がこの例にあたります。塩化ナトリウムはその名のとおり，非金属元素である塩素と金属元素であるナトリウムでできています。塩素はナトリウムより電子をもらって負の電荷をもつ**塩化物イオン**（Cl^-）になり，一方ナトリウムは塩素

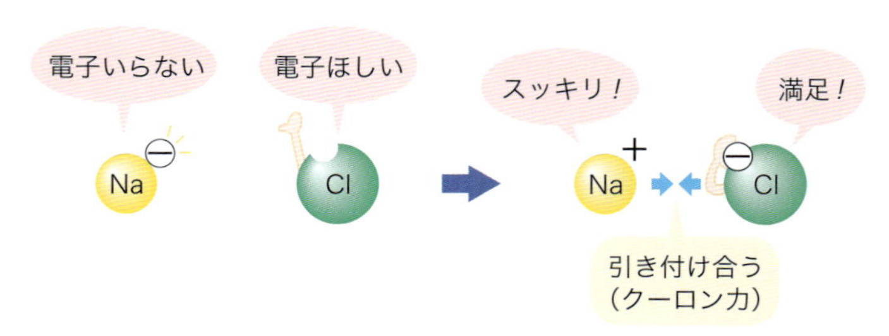

図12　金属元素と非金属元素の結合

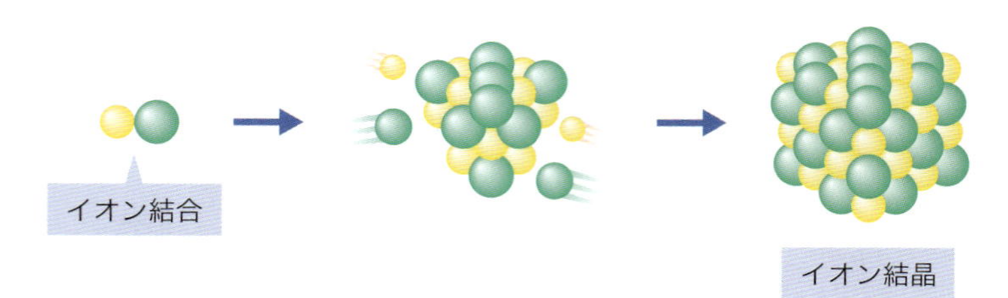

図13　イオン結合とイオン結晶の生成

に電子を渡して正の電荷をもつ**ナトリウムイオン**（Na^{+}）になることで，互いにイオン結合でつながり引き付け合って，イオン結晶を形成しています。

共有結合は，互いに手をとり合って一緒になるというイメージでしたが，イオン結合の場合は，ある程度の距離に来たときに引き付けあって一緒になるイメージです。このイメージは，後に必要になると思いますので，頭の片隅においていてください。また，生じた粒子のかたまりについて，非金属元素同士のときは基本単位を分子とよびましたが，イオン結晶の場合は正と負の電荷を帯びた粒子がそれぞれ規則正しく並び，大きなかたまりとなるため，分子のように明確な終わりがありません。化学式では，規則性を表現するためにそれぞれの元素がどの割合で結合しているかが示されています[13]。

栄養学のなかでよく出会う物質は，非金属元素同士からなる物質と非金属元素と金属元素からなる物質がほとんどですので，金属元素同士からなる組合わせ（金属結合）については，本書では省略します。

⑬例えば，塩化ナトリウムはNaClと表記されているので，NaとClが1：1の割合で結合していることがわかります

4 物質の状態

ここまで，物質がなにからどのようにつくり上げられているのかについて学んできました。これからは，物質とその物質がおかれている周りの環境との関係について，考えてみましょう。

A. 物質の物理的な変化と化学的な変化

私たちの身の回りにある物質は，いつも同じではなく，それがおかれている周りの条件（環境）によって変化します。その変化には，大きく分けて物理的な変化と化学的な変化があります。

1）物理的な変化

物理的な変化は，物質自身が変化するのではなく，物質の状態が変化することをいいます。例えば，水が固体から液体，液体から気体へ変化することが物理的な変化にあたります（図14）。しかし，このとき状態は変化しても，その物質の化学的な性質は変わりません。氷（固体）が融けて水（液体）になっても，水は水に変わりありません。

2）化学的な変化

一方，化学的な変化は，物質が性質の違う別の物質に変化することを

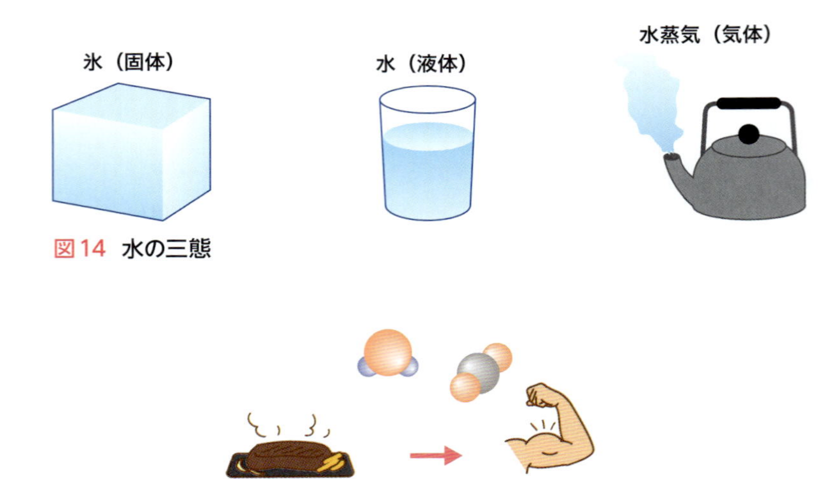

図14　水の三態

図15　栄養素の変化

いいます。例えば，本書「はじめに」において，私たちは，外から取り入れた物質（栄養素）を材料として，エネルギーを生み出したり，からだを構成する物質をつくり上げたりしているといいました。このとき，利用する栄養素と，利用後に生じたエネルギー物質やからだを構成する物質とは，化学的性質の違った全く別の物質です（図15）。まさに，私たちが生命活動のために物質を利用している実体そのものが化学的な変化（化学変化）です。

したがって，皆さんがこれから栄養学を勉強していくうえでは，さまざまな物質の化学的な変化を勉強していくことが基盤となります。だから，栄養学の勉強へ本格的に突入する前に，こうやってその基盤のさらに基盤になる化学について，ややこしいかもしれませんが，きちんと整理しておく必要があるのです。

では，物理的な変化については，あまり理解していなくてもよいのでしょうか？ いいえ，それではダメです。物質の状態が変われば，化学的な変化の起き方も変わってきます[14]。つまり，私たちの利用の仕方も変わります。そのため，物質の状態についても，きちんとした知識をもっておかなくてはいけません。では，物質の状態変化についてみていきましょう。

⑭具体的には，変化の起きやすさや速度，変化を起こすために必要な物質などが変わるということです

B. 状態をあらわす用語を理解する

一部のものを除いて[15]，どの物質も状態が**固体**，**液体**，**気体**のときがあります。その状態は，物質のおかれている条件によって変化します。先ほど，図14で例にあげたとおり，水であれば，氷が固体の状態，日

⑮例外としては，二酸化炭素やナフタレンなどがあげられます

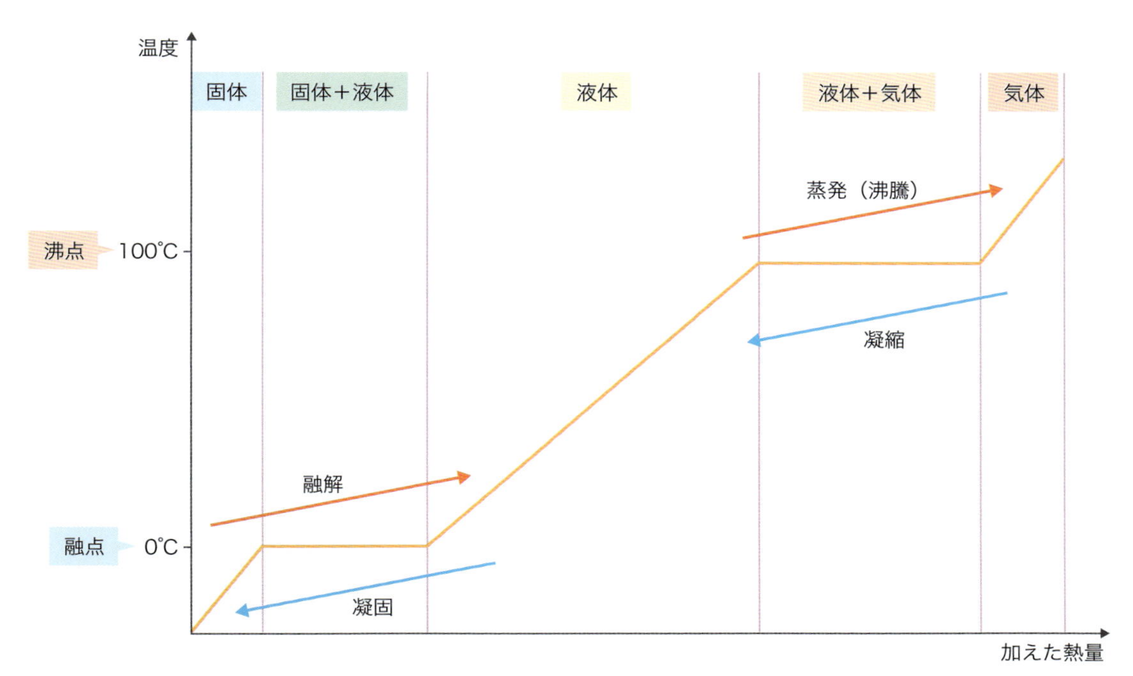

図16　**水の状態変化**

常よく目にする水が液体の状態，そして，水蒸気が気体の状態ということになります。

皆さんが水をこのように変化させる条件として，イメージしやすいのは温度だと思います。氷を熱していく（温度が上がる）と，固体から液体の水へ変化していきます。このように物質が固体から液体へ変化していくことを，**融解**といいます。そして，融解が起こる温度を**融点**といいます。通常の大気圧のもとでの水の融点は，皆さんもよく知っていると思いますが，0℃です。さらに，液体の水を熱していくと，液体から気体，つまり，水蒸気へ変化していきます。このように物質が液体から気体へ変化していくことを，**蒸発**といいます。そして，蒸発（沸騰）が起こる温度を**沸点**といいます。通常の**大気圧**[16]のもとでの水の沸点は，これも皆さんがよく知っている100℃です（図16）。

物質の状態の変化は，一方方向ではありません。その逆もあります。つまり，水蒸気を冷やす（温度が下がる）と，気体から液体の水へ変化します。また，さらに温度を下げていくと，液体の水から固体の氷へ変化します。そして，それぞれ物質が気体から液体へ変化していくことを，**凝縮**といい，物質が液体から固体へ変化していくことを，**凝固**といいます[17]。これから栄養学を勉強していくなかでは，特に融点や沸点はよく聞くことになると思いますので，覚えておいてください。

[16] 大気圧とは，空気が私たちのからだやものの表面を押す力のことです。「はじめに」で話したように，空気も窒素や酸素といった物質でできているため，質量があります。感じていないだけで，普段皆さんは空気を背負って生きているのです。海抜0 mの大気圧は1気圧であり，**1気圧（1 atm）= 1013 hPa**です

[17] 凝縮や凝固の温度に関しては，少し複雑なのでここでは触れません。詳しく知りたい方は調べてみてください

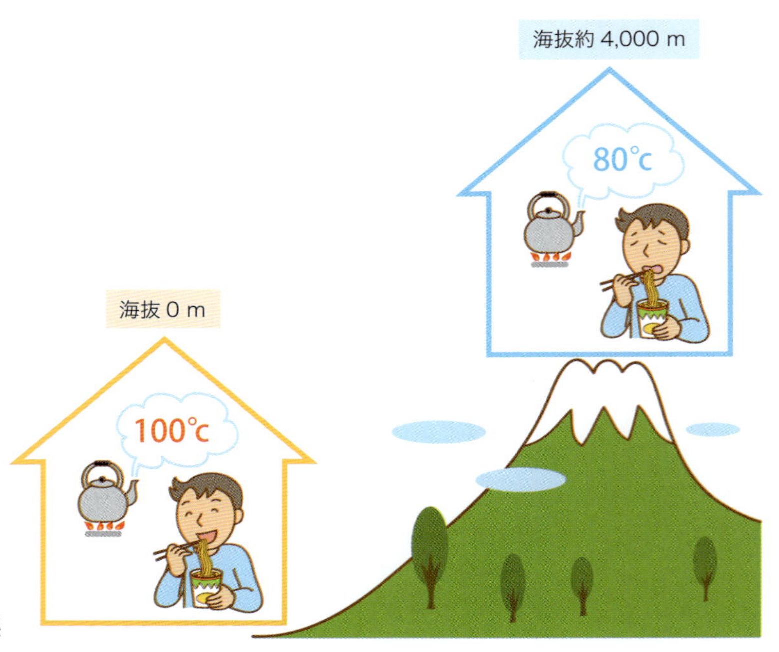

図17　**大気圧と沸点の関係**

ところで，皆さんは気づきましたか？ 融点や沸点の説明に，**“通常の大気圧のもとで”**という言葉が付いていたことを。日常生活においては，温度に比べると大気圧を感じることは少ないですが，物質の状態変化には大気圧，すなわち圧力も影響を与えます。よって，圧力が変化すると，融点や沸点は変化します。一般に私たちが日常生活で受けている大気圧のなかでは，水の沸点は100℃ですが，大気圧の低いところ，例えば高い山の上[18]では，水は100℃以下で沸騰します（図17）。

[18]先ほど大気圧はからだを空気が押す力といいましたが，高いところに行けば行くほど，からだの上にある空気の量が減るため，大気圧は低くなります

C. 物質の三態

物質の状態の変化に関する用語をひと通り確認しましたが，ここで少し疑問がでてきたのではありませんか？ 私たちが日常生活している条件下で，ある物質は固体，またある物質は液体，ある物質は気体というように物質によって異なった状態にあるのは，なぜでしょうか。例えば，日常生活の条件下で，水は液体，そして，水の構成元素である酸素や水素の単体は気体，前項で出てきた塩化ナトリウムは固体です。このような違いは，物質のどんな性質によって生じるのでしょうか。もう少し詳しく固体・液体・気体それぞれの特徴について詳しく学んでいきましょう。

D. 固体の特徴

固体は固く，そして，固体のままでは物質そのものの形状が変化する

ことがありません。したがって，その物質がおかれている周りの環境との区別（境界）もはっきりしています。

1）イオン結合からなる固体

例えば，先ほど例にあげた塩化ナトリウム（食塩）を思い浮かべてみましょう。食塩は容器のなかに入っているときも，こぼしてテーブルの上にばらまかれたときも，ある一定の固さを保ち，食塩の形状（粒の形）も変化しません。これをもう少し細かくみると，固体では，物質を構成している粒子が規則正しく並んでいる状態であることがすぐに頭に浮かぶと思います。すなわち，「本章3-C. 非金属元素と金属元素の結合」で解説したように粒子同士が互いに引きつけ合う力が強く，粒子がバラバラになっていない状態です。この話だけだと，粒子同士がお互い引きつけ合って規則正しく並ぶのはイオン結合だけのような気がします。しかし，そうではありません。イオン結合で構成された物質だけでなく，分子で構成された物質であっても固体になります。

2）分子でできた固体〜極性がある場合〜

分子で構成された物質が固体になる場合も，分子が規則正しく並びお互いに引きつけ合うということは同じです。しかし，これだけでは納得できないのも当然です。分子同士がお互いに引きつけ合う力についての解説をまだしていないからです。ここではより深く，分子の性質について学んでみましょう。

分子とは，非金属元素同士の結合からなる物質の基本単位のことでした。そして，分子を形成するときの結合は共有結合で，その結合の仕方は電子を互いに分け合う，もちつもたれつの結びつきということでした。

しかし，この共有結合をつくったとき，組合わせによっては，いくらもちつもたれつといっても，均等な力関係とはいかない場合があります。水の構造を思い出してみましょう。水分子は水素原子２個と酸素原子１個が共有結合によってつながっています。しかし，図9をふりかえるとわかるように酸素原子の方が電気陰性度が大きいため，酸素原子の電子を引きつける力が強くなるので水分子の一部分に弱く負の電荷を帯びたところと，弱い正の電荷を帯びたところができます。このような場合，イオン同士のような強い引力ではありませんが，やはり，弱く負の電荷を帯びたところは正の電荷を引き寄せようと，弱く正の電荷を帯びたところは負の電荷を引き寄せようとする**クーロン力**とよばれる力が生まれます（図18）。特に，周期表のなかで非金属元素なのに，ちょっと変わったところにいる曲者の水素が絡んだ分子の場合は，水素原子を介して強

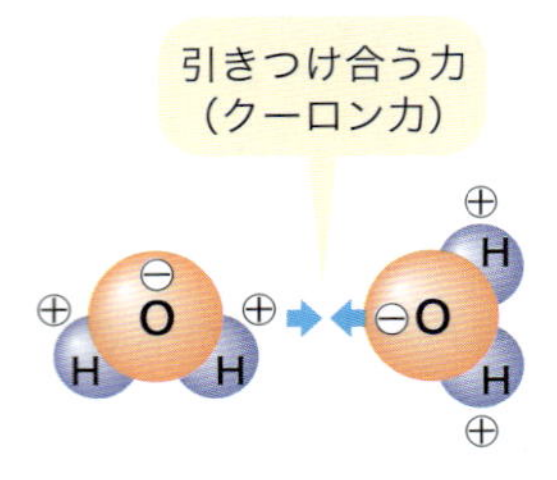

図18　クーロン力
水素原子が存在することによって生じるクーロン力は水素結合とよばれる

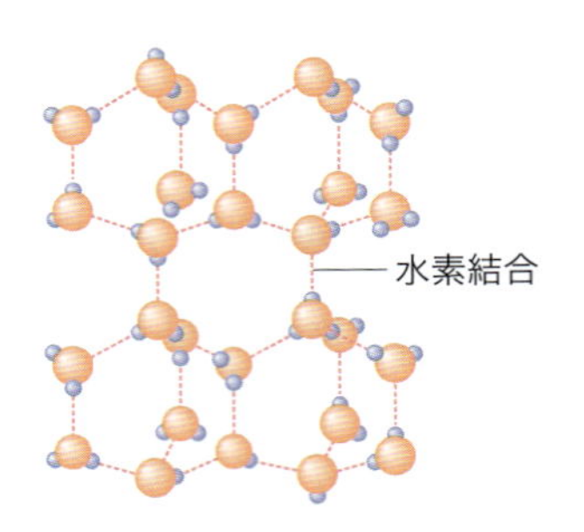

図19　氷の構造

⑲水素は周期表の左端に配置されているため，ほかのどの非金属元素よりも電気陰性度が小さくなるからです

いクーロン力が生まれます⑲。よって，水分子の場合，水分子を構成している酸素原子がほかの水分子を構成している水素原子と引きよせ合うということが起こります。その結果，きちんと水分子同士が整列して塊をつくります。これが水の固体，すなわち氷ということです（図19）。

水素原子が関与することによって生じるクーロン力はその強さから，**水素結合**という名前で区別してよばれます。また，水のように，分子を形成したときに，帯電する部分をもっている分子を**極性分子**といいます。

3）分子でできた固体〜極性がない場合〜

では，分子を形成したときに，帯電した部分（極性）をもたないものについては，どうなのでしょうか？ 極性をもたない分子を**無極性分子**といいます。例えば，たびたび登場する酸素分子や水素分子があげられます。

これらの分子は，粒子全体としてみれば，極性分子のように大きな偏りはみられませんが，じつは詳細にみると小さな偏りが生じています。なぜなら，原子を構成する粒子のなかには，負の電荷を帯びた粒子（電子）や正の電荷を帯びた粒子（陽子）があり，それらは，いつも定位置にいるのではなく，動き回っているためです。

よって，無極性分子であっても，これまでの引力とは比べものにならないくらいに弱い引力があります。この引力を**ファンデルワールス力**といいます。したがって，無極性分子はこの引力を使って固体になります。実際には，酸素や水素の固体にお目にかかることはありませんが，二酸化炭素（CO_2）やヨウ素（I_2）も無極性分子で，これらの固体はみたことがあると思います⑳。

⑳二酸化炭素の固体は，皆さんもよくご存じのドライアイスです

話が少し長くなりましたが，引力の話や極性分子あるいは無極性分子については，この章に限らず，後の章でも必要な場合がありますので，ぜひ覚えておいてください。

E. 液体の特徴

液体は，固体とは違って流動性があり，形状はその物質を入れた容器によって変化します。ただし，容器に入れない場合でもその物質と周りの環境との区別は可能です。例えば，水を思い浮かべてみると，水はコップのなかにあるときは，コップの形に合うようにその形状を変化させます。また，テーブルの上にこぼしたときは，コップのなかとは違った形状に変化しますが，周りの環境との区別はあります[21]。そして，こぼれた水の表面をそーっと指で触ると，少し水から反発するような力が感じられます。指に感じた反発する力は，水がその周囲の空気を押していることを示しています。これによって，水は空気と明確な境界線をつくり出しています。これらのことをふまえて液体について，もう少し詳しくみていきましょう。

[21] テーブルと水の区別ができなくなることはないですし，空気と水の境界線がぼやけることもありません

この項目の最初のところで，物質が状態を変化させるときの条件として，温度と圧力が関係する話をしました。ここではその2つのうち，私たちの日常生活において，変化がイメージやすい温度（熱）を例にします。

温度が上がるとたいていの場合，物質は固体から液体へと変化します(図20)。すなわち，固体の状態では物質を構成している粒子自身にはあまり動きがなく，物質を構成している粒子同士が互いを引き寄せる力が粒子に強く影響するため，粒子は身動きがとれず決まった位置にいることしかできません。そこへ，外部から物質を構成する粒子へ熱というエネルギーが加わると，粒子は自らが動く力を得たことになり，これまで動きの妨げになっていた引力に対抗できるようになります。皆さんも，皆さん自身が活力を得れば，いろいろとがんじ絡めにされ自由を奪われている状態から解放されようとすると思います。それと同じように，物質を構成する粒子も互いの粒子同士の関係を断ち切り自由になろうとします。しかし，このとき粒子が得たエネルギー量が，関係を完全に断ち

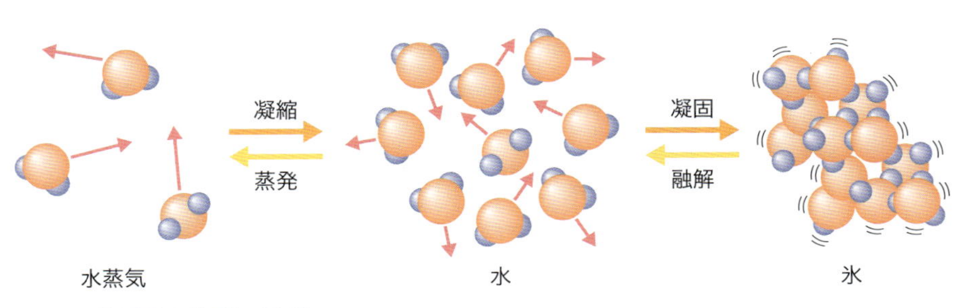

図20 熱運動と物質の状態
「化学基礎」(竹内敬人，他/著)，p34 図18，東京書籍，2013を参考に作成

切るには十分ではない場合は，引力の影響を受けながら動きます。このような状態が液体です。したがって，液体では物質を構成している粒子同士の間に一定の間隔が空き，その間隔が保たれます。これが，固体とは違って液体は決まった形をとらず，また液体は気体である空気と混ざらずに境界をつくることの理由です。そして，液体の状態から，さらに熱のエネルギーを得れば，物質を構成する粒子は完全に粒子同士の引力に打ち勝って広い空間を飛び回るようになり，物質は気体になります。逆に，エネルギーが奪われる（冷やされる）と，粒子自身の運動は小さくなって粒子同士の引力の影響が強くなり，粒子同士の間隔が短くなりやがて完全に結合して，物質は固体になります。

固体と液体の違いはなにかというと，物質を構成している粒子自身の運動性と構成している粒子間の距離の違いといえます。

F. 気体の特徴

ここまでの話から，気体の特徴については，皆さん想像できますよね。液体のときよりも，物質を構成する粒子が運動するためのエネルギーをもっと得ているということなので，粒子同士の間隔はより広がって，より広い空間へ移動できるようになります。構成しているそれぞれの粒子がバラバラになるため，色でも付いていない限り周囲の環境と区別することが難しくなります。

G. 融点・沸点の正体

ところで，まだ解決していないことがありました。それは「私たちの日常生活のなかで，なぜ，ある物質は固体，また，ある物質は液体，ある物質は気体で存在するのか？」ということです。言い換えると，物質ごとの融点や沸点の違いはなにによって生じるのかということです。

皆さんのなかには，これまでのことをヒントにして，この疑問に対する答えがおぼろげに頭に浮かんでいる人もいるでしょう。そうです。物質ごとの融点・沸点の違いは物質を構成している粒子同士がどれくらいの強さで結合しているかによって決まります。なぜなら，固体から液体，液体から気体への変化は，物質を構成している粒子間の距離の変化によって生じるからです。

すなわち，融点や沸点というのは，その物質を構成している粒子間の距離を離すために，どれだけ外部から熱エネルギーを与えればよいかということを意味します。したがって，物質を構成している粒子が強い結合によって結びついている場合は，その物質の融点や沸点は高く[22]，物

[22] エネルギーをたくさん必要とするということです

質を構成している粒子が弱い結合によって結びついている場合は，その物質の融点や沸点は低く[23]なります（図21）。

これまでの話のなかで出てきた共有結合，イオン結合，水素結合，ファンデルワールス力の強さの関係は，**共有結合＞イオン結合＞水素結合＞ファンデルワールス力**となります。これをみて，皆さんのなかには，「え？共有結合は分子をつくるための結合じゃないの？」と思う人がいるかもしれません。そうですよね。これまでに出てきた共有結合は，非金属元素同士を結合させるためのもので，今話をしているような粒子同士の結合にかかわるものとしては捉えていなかったと思います。しかし，実際には，第14族の非金属元素，すなわち，炭素（C），ケイ素（Si），ゲルマニウム（Ge）が構成元素となっている物質のなかで，炭素のみからなるダイヤモンドや黒鉛（図22），ケイ素と酸素が結合した二酸化ケイ素（石英）は，分子という基本単位の粒子をつくらずに，すべて共有結合によって粒子が規則正しく配列されて物質をつくり上げています。したがって，共有結合は，物質を構成する基本単位の粒子である分子を形成する

[23] 少しのエネルギーで十分ということです

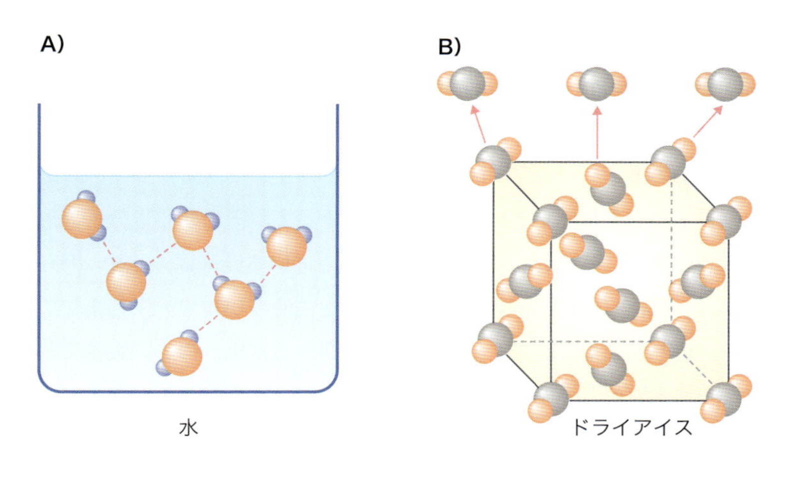

図21　融点・沸点の考え方
A）水：水分子は水素結合によって結合しているため，大きなエネルギーを与えなければ，気体にはなりません（沸点：100℃）
B）ドライアイス：ドライアイスは二酸化炭素が固体になったものです。二酸化炭素分子はファンデルワールス力というたいへん弱い力で結合しているため，少しのエネルギーで状態が変化します。そのため，融点や沸点は存在せず，固体から一気に気体になってしまいます（昇華温度：−78.5℃）。この現象を昇華といいます

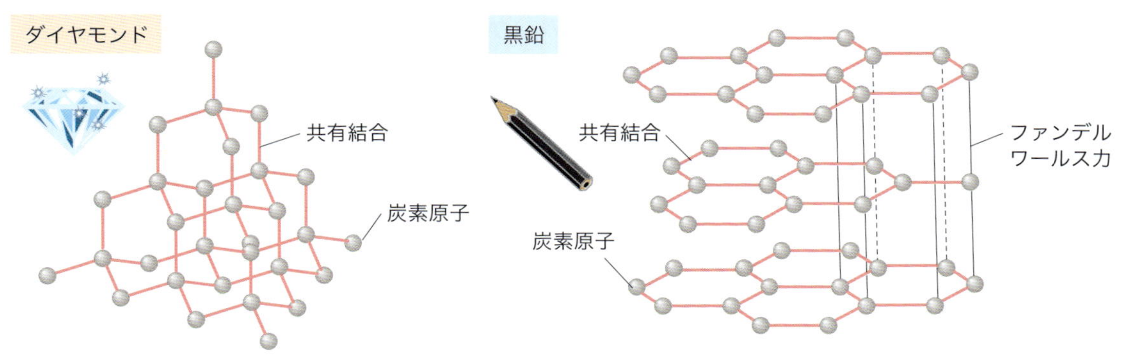

図22　ダイヤモンドと黒鉛の構造と性質

ときに使われるだけでなく，物質をつくり上げている粒子を結合させるときにも使われたりします。

最後にもう１つ，物質の物理的な変化の過程で，“蒸発”と“沸騰”は少し違うということも頭の片隅においていてください。この章の最後の方で必要になります。

物質が固体の状態から液体や気体の状態に変化するように，皆さん自身も固まらずに流動性をもって動いていけるようになりましょう。そのために必要な力は，物質の場合は熱エネルギーですが，皆さんの場合は“自信”です。物質は生きものではありませんから，エネルギーを外部からもらわないと変化できませんが，皆さんは生きものですから，活動のエネルギーである自信は，周りから与えてもらうのではなく，自らが努力して生み出すのです。どうやって自信を生み出すのでしょうか？ それは，コツコツと一生懸命に勉強することによって生み出されます。その第一歩として，物質の状態と栄養学がどのように関連するのかみてみましょう。

5 栄養学のなかの“分子・物質の状態”

これまでの章でも話してきたように，ヒトが生命を維持するために必要な物質・栄養素は，いろいろあります。そして，その多くは分子の形をとっています。さらに，その分子を構成している元素は，水素（H），炭素（C），酸素（O），窒素（N）が大部分を占めています。栄養素については，いろいろなところで勉強する機会があると思うので，栄養素とは違ったからだにとって大切な分子に注目して，からだのなかの分子・物質の状態をみることにします。

A. ヒトのからだのなかの分子・物質の状態

通常ヒトは，食物から体内へ取り込んだ栄養素（物質）を化学的に変化（化学反応）させて，実際に生きていくために必要なものを生み出しています。そのなかで，化学反応の材料となる栄養素は，もちろん重要ですが，そのほかにもいくつか重要な物質があります。

1）化学反応に欠かせない酸素

そのなかの１つが“酸素”です。私たちは酸素を呼吸によって体内に取り入れます。酸素は，日常で目にする姿は気体です。気体は，先ほど勉強したように，物質の状態のなかでは，最も粒子に運動性があり，そのため，物質を構成する粒子間の間隔が広い状態です。一方，私たちのからだは，水に満たされており，容量に限りがあります。ではいったいどのようにしてからだのなかに酸素を取り入れているのでしょうか？ これには，ちょっとした気体の化学的な性質が隠れています。

まず，**呼吸**とはどのような行為でしょうか？ 皆さんが知っているとおり，毎日絶えず繰り返している空気を“吸って，吐くこと”，いわゆる“息をする”という行為です。「それは生物の範囲じゃないの？」といいたい人がいるかもしれませんが，ここに気体の化学的な性質が隠れているのです。

2）呼吸のしくみ

「本章4.物質の状態」では，主に物質の状態と温度の関係に着目していましたが，物質の状態に影響する条件として，もう1つ圧力というものがありました。呼吸には，圧力がかかわっています。以前，圧力は物質を押す力といいましたが，ここで考えたいのは圧力と気体の関係です。

高校時代に化学を選択した人は，**ボイルの法則**というのを覚えたことはありませんか？ その内容は，「一定温度で，一定量の気体の体積は圧力に反比例する」というものです。これは，圧力が2倍，3倍と大きくなると，気体の体積は1/2，1/3と小さくなるということで，その逆もいえます。つまり，気体の体積が大きくなると，圧力が小さくなるということです（図23）。これらのことをヒントにして，もう少し細かく呼吸について考えてみましょう。

空気を“吸っているとき”や“吐いているとき”に，皆さんのからだでどのような変化が起こっていますか？ 吸っているときは，胸が膨らんで，吐いているときは，胸がしぼみます（図24）。私たちの胸は，肋骨

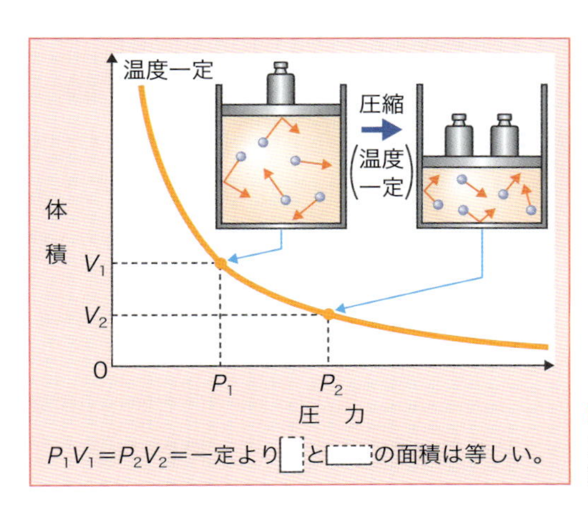

図23　ボイルの法則
「化学」（竹内敬人，他／著），p22図1，東京書籍，2013より引用

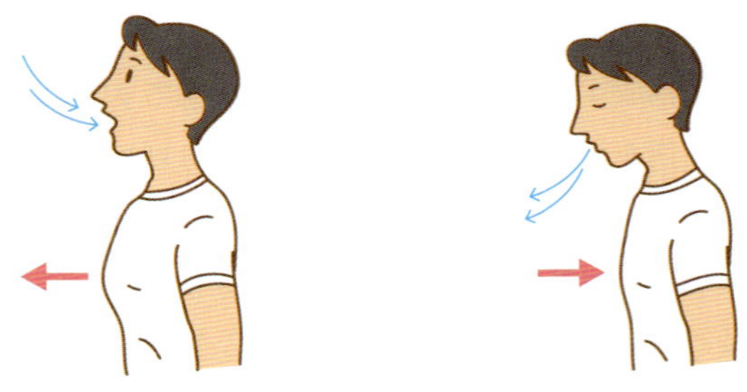

図 24　呼吸での胸の動き方

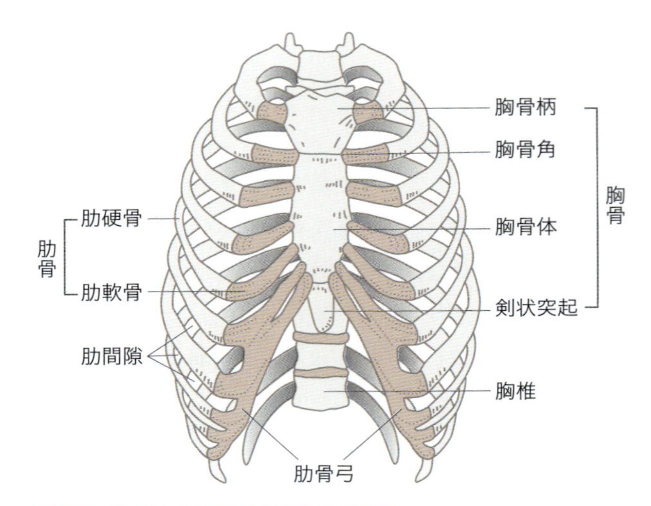

図 25　肋骨などの胸腔を構成する骨
「解剖生理学 改訂第2版」（志村二三夫，他/編），p147 図7，羊土社，2014より引用

という骨が胸と背中にかけて立体的にあります（図 25）。肋骨１本１本の間は隙間だらけですが，実際には，肋骨の側面の隙間は肋間筋という筋肉に覆われており，底の部分は横隔膜という膜で塞がれている空間です。この空間を**胸腔**といいます㉔。その胸腔のなかに，肺という袋があります。吸っているときは，肋間筋の運動で肋骨が広がり，それとともに底の横隔膜も広がって，胸腔の体積が広がります。その結果，胸腔のなかにある肺の体積も広がって，圧力は大気圧よりも低い状態になります（図 26）。そうなると，空気中で大気圧という力で押さえつけられている酸素分子は，分子自身の運動を押さえつける力が小さい肺の方へ移動してきます㉕。

㉔私たちのからだは，すべて水に満たされているのではなく，実際は空間の部分もあります

㉕皆さんも，エネルギーに満ちあふれて活発に動きたいときに，自分の動きを妨げるものが多い場所と少ない場所のどちらかを選べといわれたら，妨げるものが少ない場所を選ぶと思います。それと同じです。この考え方は非常に大切なものですので忘れないでください

3）酸素を取り入れるしくみ

まだ，吸っているときの話は続きます。私たちの鼻や口を通じて酸素は肺に移動しますが，じつは肺も１つの袋ではなくて，鼻や口と通じて

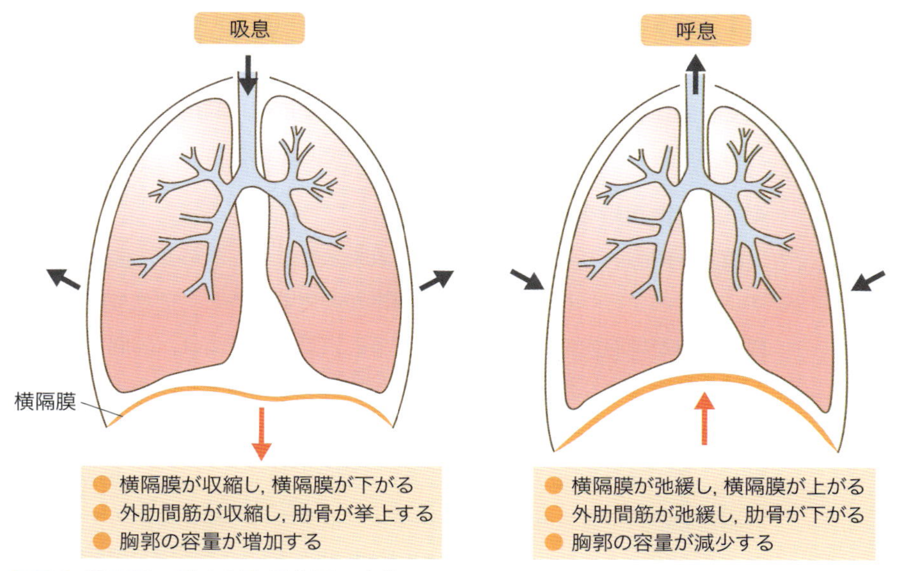

図26　肋間筋の動きと胸郭容量の変化

「解剖生理学 改訂第2版」（志村二三夫，他/編），p112図8，羊土社，2014より引用

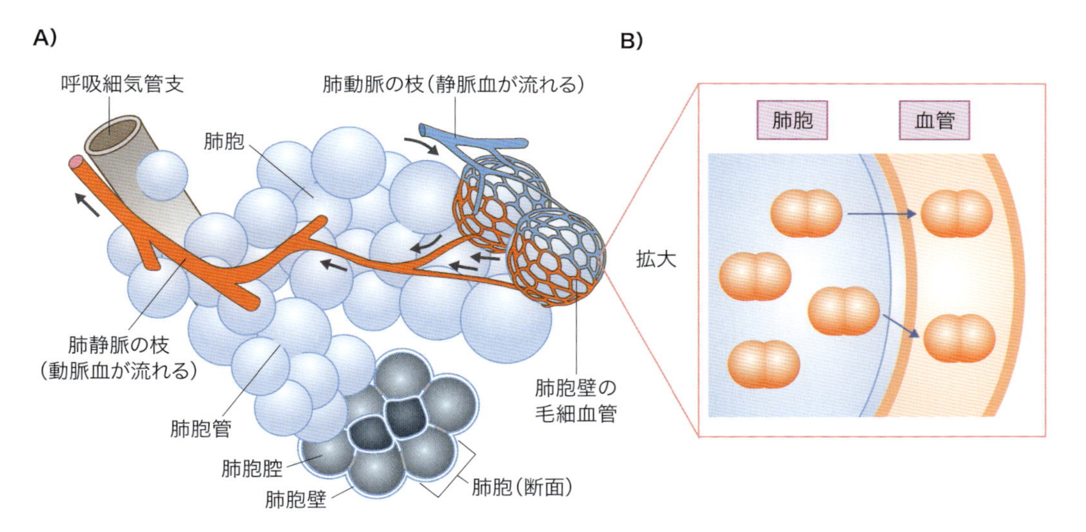

図27　肺の構造と酸素の取り入れ

A）「解剖生理学 改訂第2版」（志村二三夫，他/編），p110図5，羊土社，2014より引用

いるのは小さな肺胞という空間です（図27）。肺胞はたくさんあって，そのたくさんの肺胞を肺の袋が覆っています。肺胞の周りは血管が網目状に通っています。さて，吸ったことで肺胞まで移動した酸素はその後どうなるのでしょうか？ ここでも先ほどの“物質は妨げるものが少ない場所を選ぶ”という考え方が役立ちます。じつは“妨げるもの”はほかの物質とは限りません。同じ物質であってもときには妨げるものになり

ます。よって，肺胞に詰まった酸素は，妨げ（酸素）の少ない空間（血管側）へ移動していきます。そして，血液の流れによって1つひとつの細胞に届けられ，細胞内で行われている化学反応に利用されて，酸素自身も別のものに化学変化し，体内で消えてしまいます。

4）二酸化炭素を排出するしくみ

酸素が細胞内の化学反応で利用されたときに生じるのが二酸化炭素です。細胞内で行われる化学反応で酸素が利用されると，それに伴って二酸化炭素が細胞内に溜まります。すると，二酸化炭素は，肺胞での酸素と同じ状態，すなわち，妨げるもの（同じ二酸化炭素）から逃れようとする状態になります。つまり，妨げるものが多い細胞内から血管へと移動し，その後，血液の流れで肺胞まで運ばれます（図28）。肺胞では，肺胞内の空気に含まれる二酸化炭素より血管内の二酸化炭素の方が多いため，血管内の二酸化炭素は肺胞に移動します。

呼吸は“吸って，吐く”がセットですので，ある程度吸った後には吐きます。吐くときは，吸うときの逆で肋間筋の動きで肋骨の間隔が狭くなり，横隔膜が縮むことで胸腔の体積が狭くなります。このようにして肺胞のなかの二酸化炭素は外に排出されます。

5）化学は呼吸からも感じられる

呼吸のなかにも化学があることを感じてもらえたでしょうか？ 呼吸の目的は，私たちのからだで起こる化学反応に必要な酸素を取り入れること，および，化学反応によって生じた二酸化炭素を排出することです。じつは呼吸は栄養にも深くかかわっています。なぜなら，酸素を使って二酸化炭素ができる化学反応は主に，体内でエネルギーをつくり出すための反応だからです。したがって，皆さんが栄養学を勉強していくなか

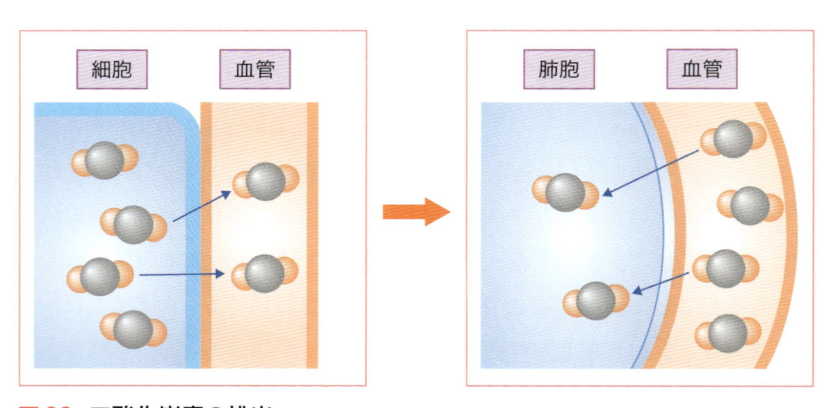

図28　二酸化炭素の排出

では，呼吸のことをより詳しく知る必要があります。このことからも，化学が重要である理由が感じられると思います。

次に，食品に注目し，分子や物質の状態変化についての知識をさらに深めていきましょう。

B. 食物（食品）と分子・物質の状態

第１章で食物（食品）中の水について解説したことを覚えていますか？食物のなかの水は，歯ごたえや鮮度などを左右するものであることをお話ししました。特に，自由水の存在は腐敗の原因となることから食物の保存性を高める（食物の腐敗する割合を低くする）方法の１つに，食物の水をとり除くというものがあります。また水をとり除く方法の１つに**天日干し**があります。これは，食物を外に出して外気にさらして水をとり除く（乾燥する）ものです。このしくみを化学の視点でみていきながら，これから栄養学の勉強をするにあたって必要な感覚をさらに身につけていきましょう。

1）天日干しのしくみ

まず，天日干しのしくみを簡単にいうと，食物中に存在する液体の水を，太陽の熱エネルギーを利用して，気体に変化させ食物から水をとり除くということです。とはいえ，食物を天日干しにしようと晴れた日に外へ出したからといって，いきなり食物に存在している液体の水が一斉に太陽からの熱エネルギーを受けて，気体の水（水蒸気）になってとり除かれるということは起こりません。なにかの変化が起きるときには，必ず変化が起こる順序というものがあります[26]。

天日干しのために食物を外へ出すと，太陽からの熱エネルギーが空気を通じて食物と空気との境界，すなわち，食物の表面に到達します。すると，食物の表面に存在する水がその熱エネルギーをもらって，液体から気体へ変化（蒸発）し食物から離れていきます。

気体となって食物から離れた水は，自由に空気中を動き回りたいところですが，これを阻むものがあります。それはすでに空気中に含まれる水蒸気，**湿度**です[27]。したがって，食物から離れた水分子は，すでに空気中に存在する水分子の隙間を探しながら動いていかないといけません。そのため，空気中でも食物に近いところは，もとから空気に存在していた水分子と食物から離れてきた水分子とで密集の度合いが高いので，密集の度合いが少しでも低いところを求めて広がっていきます。このような移動を**“拡散”**といいます（図29A）。

[26] その順序を無理に変えようとしたり，あるいはその変化を進行させるために必要な時間を無理に短くしたりすると，無理が何らかの形であらわれてきます。多くの場合その無理は，ダメージとなってその対象物質自身あるいはその物質の周りにあらわれてきます。よって，ものや現象を利用し応用するなら，その原理を十分に理解してから物事にあたらないといけないということです

[27] 水蒸気を含まない空気中であれば，食品から離れた水は空気中を水蒸気として比較的簡単に自由に動き回れます

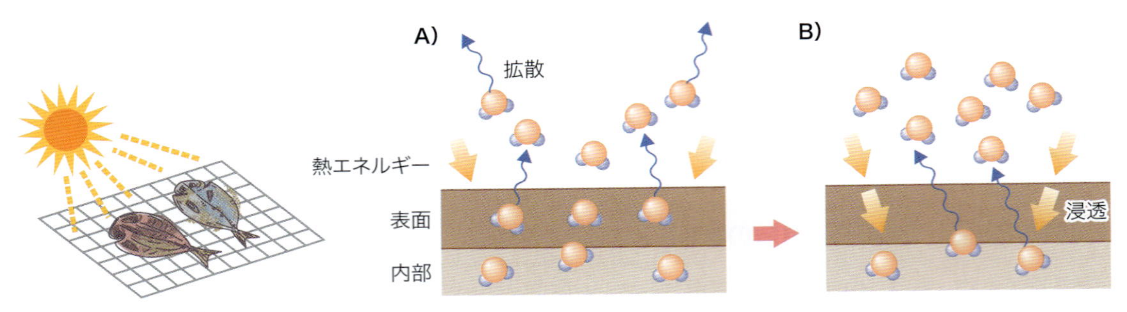

図29 拡散と浸透
A）拡散，B）浸透

そして，ある一定時間食物をそのままにしておくと，最初は太陽からの熱エネルギーが表面にだけ影響していたものが，より内部の方へ伝わってきます。それに伴って，食物の表面だけでなく内部の水も蒸発が起こってきます。この熱エネルギーのように，外部からものの内部に広がっていくことを **"浸透"** といいます（図29B）。食物を放置する時間によってどれくらい蒸発するかは違いますが，食物中の水は蒸発し，食物は乾燥します。このようなことは，開放系の空間[28]で行われた場合です。これが閉鎖系の空間[29]で行われると，状況は変わってきます。では，閉鎖系では，どのようになるのでしょうか？

[28]開放された空間。水分子が拡散できる場所が無限にある空間ということです

[29]閉鎖された空間。つまり，水分子が拡散できる場所に限りがある空間ということです

2）閉鎖系での乾燥

閉鎖系空間で乾燥させた場合，空間になにが含まれるかによって少し変わりますが，ある程度まで乾燥が進んだ後は，そのまま放置しても乾燥が進まなくなります。一体，なにが起こっているのでしょう。閉鎖系の場合でも，基本的には開放系空間と同じようなことが起こっています。しかし，閉鎖系空間では，食物から気体となって離れた水分子は，動く場所が限られています。したがって，時間が経過していくにつれて，空間は水分子でいっぱいになります。このような状態になると，動いている水分子がほかの水分子や食物に衝突する確率が高くなります。第1章の茶碗蒸しの原理で解説したとおり，物質は衝突するとエネルギーが失われます。また，水が蒸発するために熱エネルギーを得るということは，水の周りの環境は熱エネルギーを奪われる（つまり温度が下がる）ということもお話したと思います。

つまり，ほかの水分子や食品に衝突した水分子は，気体から液体に戻ってしまいます（**凝縮**，図30A）。よって，液体から気体に変化する水の量と気体から液体に変化する水の量が同じになったところが，先ほどの言葉でいうと，"乾燥が進まなくなった状態" です。しかし，これは水の状態の変化が止まったのではなく，液体から気体に変わる変化（蒸発）

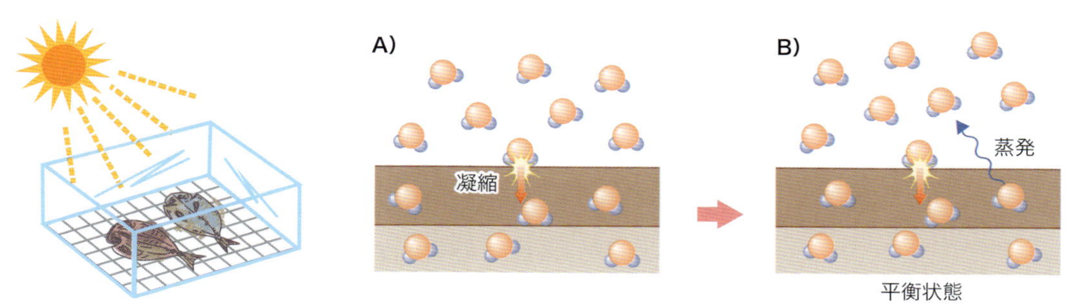

図30 凝縮と平衡状態
A）凝縮，B）平衡状態

の大きさ（速さ）と気体から液体に変わる変化（凝縮）の大きさ（速さ）が同じになっただけで，変化は続いています。このように，互いに逆となる変化が同じ速さになって，止まってみえる状態を**“平衡状態”**といいます（図30B）。この“平衡状態”は，この先皆さんがこの本で勉強していくなか，あるいは，栄養学を勉強していくなかで非常に重要なことになります。覚えておいてください。

3）水の凝縮

水の凝縮は，閉鎖系だけで起こっていることではありません。先に話した開放系のなかでも起こっています。場所としては，食物に近いところではさかんに起こっています。しかし，解放系ではもちろんどんどんと乾燥していく状態だけがみられますし，閉鎖系であっても最初の方は乾燥が進んで，あるときからは乾燥が止まってみえます。なお，先ほどの話にはあげませんでしたが閉鎖系では条件を変えれば食物は乾燥どころか逆に最初より湿るということもあります[30]。この違いは，なにによるものでしょうか？

じつは，これらはバランスの問題です。どの場合も，水の液体から気体への変化も，気体から液体への変化も起こっています。けれども，それぞれの場面においてのそれぞれの変化のバランスが違います。水が液体から気体へ変化する大きさ（速さ）が気体から液体への変化の大きさ（速さ）より大きい（速い）ときは，私たちの目には，変化の大きい方が入ってきます。すなわち，水の蒸発（食物の乾燥）がみえます。バランスが逆転しているときは，水の凝縮（食物が湿る）がみえます。そして，どちらに偏ることなくバランスがとれているときは，なにも起こっていないようにみえます。

[30]例えば，温度を下げるともともと空気中に含まれる水蒸気が水になってしまうため，食品が最初より湿るという事態になります

4）蒸発と沸騰は違う？

さてここで，皆さんのなかに「100℃でなくても，水は蒸発するの!?」という疑問で頭が混乱している人がいるのではないでしょうか。「本章4.物質の状態」の終わりの方で，“蒸発”と“沸騰”は少し違いますといいました。100℃というのは，私たちが日常生活をしている大気圧の状態で，水が沸騰する温度（沸点）です。したがって，水が蒸発しはじめる温度ではありません。

例にあげた天日干しでは，食物の温度は100℃になっていないことがわかると思います。もし，100℃に食物がなっていれば，食物の保存性を上げるための加工ではなくて，食物が加熱されて調理されたことになり，食べる段階まで進んでしまったことになります。天日干しは加熱されているわけではないので，沸点とは関係なく水が液体から気体に変化するものです。つまり沸騰ではなく，蒸発です。

液体状態の水はそれぞれの粒子がある程度のエネルギーをもっているために運動性があります。そのため，液体状態で運動していた粒子の一部がエネルギーを得て気体となって，飛び出してしまうことがあります。これが蒸発です。ただこれは水全体が十分なエネルギーを得て気体に変化したものではないので，すべての粒子が一度に気体になることはありません。先ほどの開放系の天日干しのように，食物の周りの空気が乾燥していて，食物から飛び出した水分子がどこまでも拡散できるような状態であれば，最後にはすべての水が気体になることもあるかもしれませんが，一度にすべての粒子が気体になるほどのエネルギーを得たわけではないため，その変化は徐々に起こります。もちろん，気体となった水分子がまた液体に戻るという反応も同時に起こっています。

物質の物理的な状態変化は，物質を構成している粒子の運動性の違いを意味します。そのため，どんな条件下でもこれらのことは起こっており，それがそのようにみえないのは，先ほどの天日干しの話で出てきた，変化が起こる順序やバランスによるものなのです。

5）蒸発と沸騰の違いを目でみる

“蒸発”と“沸騰”の違いや，物理的な状態変化における順序やバランスのことをはっきりさせるのによい例を，皆さんは日常生活で経験しています。例えば，ほうれん草のアクを除くために茹でるときのことを想像してみましょう。

鍋に水を入れてコンロの火をつけます。その後，鍋のなかを覗くと，そんなに待たなくてもまず鍋の底にプツプツと気泡がみえてきます。そ

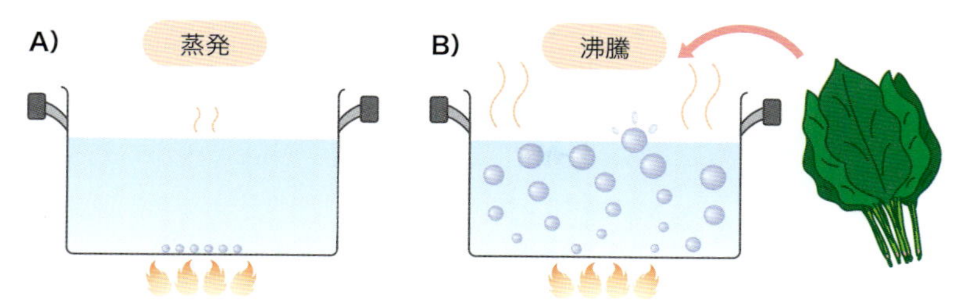

図31　蒸発と沸騰

れは次第に鍋の側面にもみられるようになります。これは，“液体の水”のなかで，一部の水が“気体”になっていることのあらわれです。まだコンロの火をつけたばかりですので，鍋のなかの水の温度が100℃であることは考えられません。当然100℃よりも相当低い温度のはずです。しかし，そのような状態でも，熱源に近い水分子はほかの水分子よりも早くエネルギーを得られるため，気体になるために必要なエネルギーを得た水分子から気体になっていきます（図31A）。それがプツプツとした小さな気泡の正体です。

また，コンロの火をつけなくても，鍋のなかの水は蒸発します。ゆっくりですが，鍋のなかの水，つまり，液体の水は減っていきます。このとき，水分子が姿を消したのではなくて，気体となって空気と混ざっているのです。よって，蒸発はいつでも起こっています。けれども，ほうれん草を茹でるときは，水の“蒸発”を利用したいのではありません。水の“沸騰”を利用するのです[31]。だから，鍋の底や側面にプツプツと気泡ができた状態で，ほうれん草を放り込んでもダメです。

では，その“沸騰”とは，どのような状態のことをいうのでしょうか？鍋の水をコンロの火で加熱していくと，はじめは鍋底や側面近辺の水分子にしか届かなかった熱（エネルギー）が，加熱を続けていくと鍋のなかの中心部分にいる水分子にまで届いてきます。その結果，鍋のなかにある水分子のすべてが気体への変化（蒸発）をはじめます。最初は，プツプツとした気泡だったものが，ボコボコと大きな気泡が上がるようになります。これが“沸騰”です（図31B）。また，このような状態になる温度が沸点であり，私たちが日常生活を送っている条件下では100℃です。ほうれん草をアク抜きのために茹でるときには，この温度を利用したいというわけです。

[31] アクを抜くためには一定の熱が必要です。アクを抜くことだけを達成するなら，沸騰していないところにほうれん草を入れて長時間加熱してもいいのですが，そうするとほうれん草のなかに含まれる栄養素が水のなかに溶け出てしまいます。水のなかに浸かっている時間が長いほど栄養素が溶け出るため，沸騰した（熱エネルギーの高い）状態の水に入れて，短時間でアクを抜く必要があるのです

第3章
溶液の濃度

溶液の濃度計算や
質量と体積の換算など，
計算を自在に行えるように
なりましょう

溶液・溶質・溶媒の定義と
溶けるという現象の起こり方
を理解しましょう

濃度が“栄養”に
どのように関係するか
を学びましょう

1 空気と水の復習

この章からはこれまでの章以上に，栄養学にかかわる化学の事柄を取り扱っていきます。むしろ，栄養学を勉強していくときに，必ず付きまとってくる事柄です。そのため，これまでと同じく，しっかり気を引き締めて頑張っていきましょう。

私たちのからだのなかは，液体状態の水で満たされており，その一方で，私たちの日常生活は，空気で満たされた環境で行われていることをこれまでに何度か説明してきました。この違いを，最初は非常に大きな違いだと思った人も皆さんのなかにはいるかもしれませんが，第2章の物質を構成する粒子の話や物質の物理的な状態変化の話がわかってくると，液体も気体も考え方は基本的に同じであるため，そう大騒ぎするものではないと感じ方が変わったのではないでしょうか。あるいは，栄養学で重要な化学的なものの見方や考え方のポイントまで感じとった人も，皆さんのなかにはいると思います。しかし，せっかくこれから栄養学を勉強しようと考えている皆さんですから，一部の人だけでなく，全員に栄養学で重要な化学的なものの見方や考え方を身につけてもらいたいと思います。そのためさらに，私たちが日常生活を送っている環境とからだのなかの環境を比較したり，これまでの内容を復習したりしながら，少しずつ進んで行きましょう。

A. 空気の性質を覚えていますか？

まず，私たちが生活を送っている環境を満たす空気とはどんなものだったでしょうか？ 空気は混合物でした。どんな混合物かというと，ほとんどが窒素で，あと酸素とそのほかいろいろな物質が混ざったものです(図1)。では「その空気の性質は？」ときかれると，どうでしょうか？「えっ！ いろいろな物質が混ざっているから，どの物質の性質を答えればいいの…」と慌ててはいませんか？ このようなときにどう考えればよいかのヒントは，じつは第2章での解説にあったのです。

第2章でお話ししたとおり，常に私たちの周りにはいろいろなものが存在し，いろいろな変化が起こっています。ですが，すべてのものが同じくらい存在していたり，同じくらい変化していたりするということはありません。必ずといっていいほど，数の多い少ないや変化の大小があります。そのようななかで表立ってみえてくるのは，ごく少量のものやごく小さな変化ではなく，多量に存在するものや大きな変化の姿です。

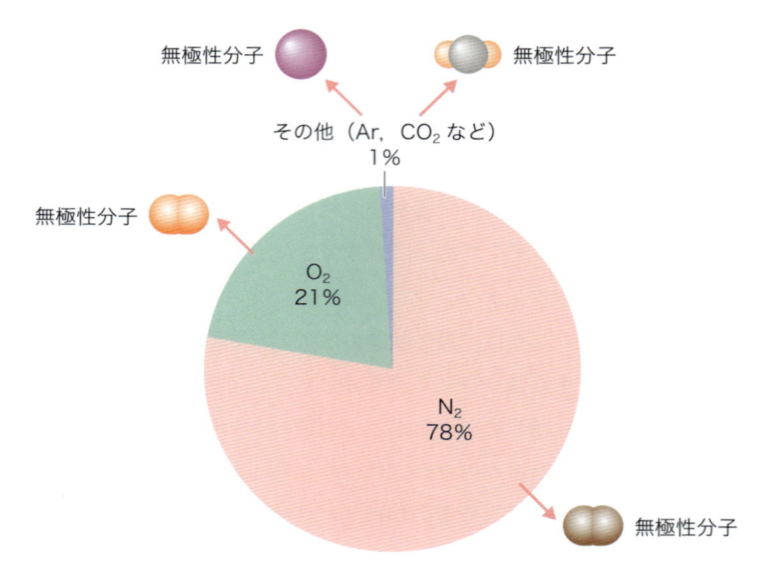

図1　空気の性質は窒素が決める

したがってなにか物事を考えるときは，ごく稀（まれ）なことに気をとられるのではなく，一番大きなものに目を向け，そして，それでうまくいかなかった場合は，その次に大きなことに目を移すという順番で進めていくことが重要です。

すなわち空気の性質を考える場合は，空気を構成している物質のなかで最も存在割合が多い**窒素**に目を向け，その次に存在割合の多い**酸素**について考えます。よって，空気の性質や空気のなかでの物質の状態は，窒素の性質や物質と窒素との関係をみているのとほぼ同じということです。

空気をもっと詳しくみていくと，空気の主な構成物質である窒素は，2個の窒素原子が共有結合によってつくり上げる分子で，その分子の性質は，構造に電荷の偏りをもたない**無極性分子**です（図1）。これは，窒素が非常に安定していることを意味し，見方を変えると，ほかの物質にあまり干渉しないということになります。すなわち，空気に満たされた環境下にあるいろいろな物質は，空気の影響による化学的な変化が起こりにくく，起こる場合でも，その変化はゆっくりと進行することを意味します。

B. 水の性質を覚えていますか？

一方，私たちのからだのなかを満たす水は，どんなものだったでしょ

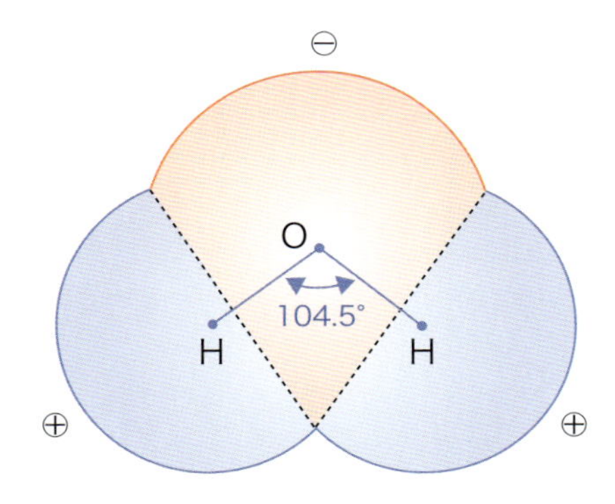

図2 水分子の構造と極性の復習

うか？ 水は空気とは違って，1種類の物質からなる純物質です。そのうえ水はからだのなかの約60％も占めるため[1]，水の性質はからだのなかのあらゆるところに出てきます。だから，第1章で丁寧に水の性質を確認したのです。

次項からの解説につなげるためにもう少し復習しておくと，水は酸素原子1個と水素原子2個からなる分子で構成されている物質でした（図2）。そして，その分子の性質は酸素原子と水素原子の力関係の違いによって，分子構造に電子の偏りが生じている**極性分子**でした。これは，先ほどの窒素と異なって不安定なところをもっていることになり，その不安定さを解消するためにほかの物質に影響を及ぼしたり，不安定さから物質と馴染んだり馴染まなかったりするということを意味します。

また，物理学的な状態において，からだのなかの水は液体です。つまり，私たちのからだのなかは“液体の水”にいろいろな“物質”が溶けている“溶液”ということになります[2]。したがって，皆さんは，溶液について詳しく知っておく必要があります。

[1] ここでも量の多さが性質を決めています。からだは半分以上が水なので，からだの性質（機能）を考えるには水の性質について考えることが欠かせません

[2] 第1章でお話ししたとおり，私たちは外から取り入れた栄養素をからだのなかに確保し，利用することで生命活動を維持しています。この栄養素の多くは水に溶けて存在しているのです。また栄養素を利用するために水が欠かせないことも第1章ですでにお話ししたとおりです

2 溶液・溶質・溶媒

A. 溶液・溶質・溶媒の定義

液体にほかの物質が溶けて均一に混じりあってできた液体を**溶液**といいます。このとき，物質を溶かしている液体を**溶媒**といい，液体に溶けている物質を**溶質**といいます。そして，一般的にできた溶液をいうときは，最初に“溶質名”，次に“溶媒名”最後に“溶液”をつけます。例え

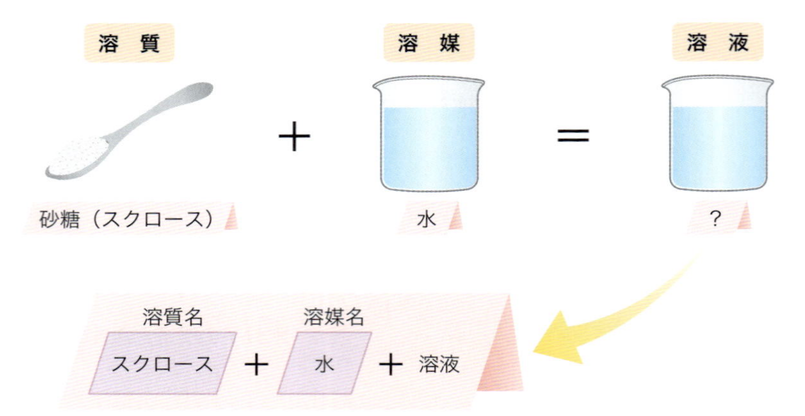

図3　溶質・溶媒・溶液の定義と溶液のよび方

ば水に砂糖を溶かした砂糖水では，溶媒は水，溶質は砂糖であり，これを化学的に表現する場合，砂糖はショ糖（スクロース）とよぶため，溶液はショ糖水溶液あるいはスクロース水溶液と表現します（図3）。ただし，水が溶媒の場合は，水溶液といわずに，ただの“溶液”で済まされる場合があります。

水のほかに，私たちが日常生活で目にする溶液の溶媒は，アルコール（エタノール）やアセトン，クロロホルムなどがあります。そして，それらの溶液は，アルコール溶液（エタノール溶液），アセトン溶液，クロロホルム溶液となります。

B. “溶ける”とはどういうことか？

ここで少し引っかかることはありませんか？ 溶媒となる物質もいろいろあり，また，溶質となる物質もいろいろあります。溶媒と溶質お互いにどんな相手でも溶液になれるのでしょうか？ あるいは，それぞれ相手を選ぶのでしょうか？ また，相手を選ぶ場合，その決め手になるものは何なのでしょうか？

これらのことをはっきりさせるために，“溶ける”がどのような状態であるかのイメージを明確にしておきましょう。

溶液とは，液体に物質が溶けて均一に混じりあってできた液体であることを先ほどの定義のところで説明しました。したがって，液体に固体の物質を溶かすためによくかき混ぜた後しばらくすると，液体のなかに固体が現れ容器の底に溜まるような状態は“溶ける”ではありません。また，液体に液体の物質を溶かすためによくかき混ぜた後，しばらくす

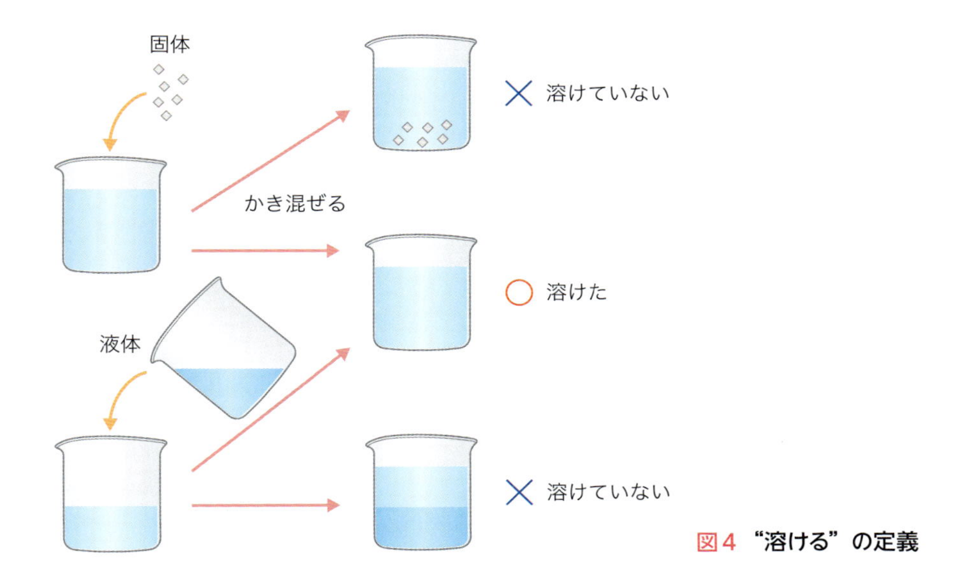

図4 **“溶ける”の定義**

ると液体のなかに境界が現れてくるような状態も“溶ける”ではありません（図4）。

液体に物質が溶けた場合，その物質が固体であるか，液体であるかに関係なく，溶かすためにかき混ぜた後もそのまま均一な状態が保たれ，何の変化も起こりません。これを細かくみると，最初は溶媒（液体）を構成している粒子同士，溶質を構成している粒子同士がそれぞれ互いの引力によって結合し，ある程度の大きさを保っています。しかし，時間の経過やかき混ぜるなどの外部からの衝撃によって，溶質を構成している粒子が，粒子同士の結合を解消して，溶媒を構成する粒子と新たな結合を形成したり，溶媒を構成している粒子の干渉を受けずに自由に液体内を動き回ったりします。そしてその結果，溶質を構成している粒子同士が引き合って再びもとに戻ることがない，これが“溶ける”の正体です。

このようにみていくと，皆さんのなかに「あっ！」と気づいた人がいるかもしれません。そうです。溶媒と溶質はどんな組合わせでも溶液になるわけでなく，溶液になるための適切な組合わせがあります。その組合わせは，溶媒と溶質それぞれを構成している粒子が，似た性質[3]の場合は溶液になり[4]，違う性質の場合は溶液になりません。つまり，溶媒が極性をもっている場合は，極性をもった物質が溶解し，極性をもたない物質は溶解しません。一方，溶媒が極性をもたない場合は，極性をもたない物質が溶解し，極性をもった物質は溶解しません（図5）。した

[3] ここで重要となる性質は，先ほど空気と水の復習で話した“極性”です

[4] これは別の表現で“溶解が起きる”ともいいます

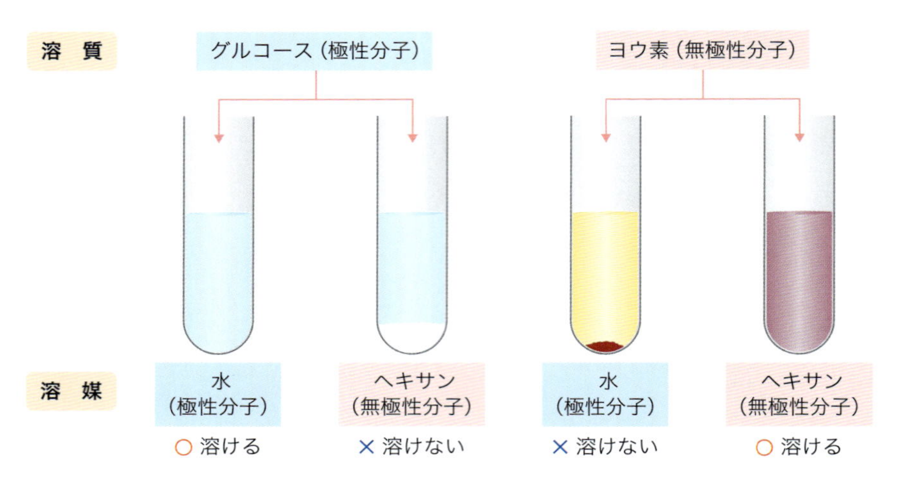

図5　極性の有無と溶質・溶媒の関係
「化学」（竹内敬人，他／著），p42 図3，東京書籍，2013を参考に作成

表1　極性の有無による性質の示し方

	極性のある物質	極性のない物質
水とあぶらどちらに溶けるか	水溶性	脂溶性
水への親和性	親水性	疎水性

がって，私たちのからだのなかの水は極性をもった溶媒であるため，そのなかでうまく馴染む物質は，同じく極性をもった物質ということになります。しかし，私たちが生命活動を維持するために利用する物質には，極性をもった物質ばかりではなく極性をもたない物質もあります。よって，私たちのからだのなかで極性をもたない物質を利用するときは，水と馴染むために何らかの工夫が必要になります[5]。

5 この工夫については，第4章で解説します

皆さんが勉強する栄養学では，からだのなかでは水が溶媒になることが前提とされているため，水と馴染む場合は **"水溶性"** あるいは **"親水性"** という言葉で，水と馴染まない場合は **"脂溶性"** あるいは **"疎水性"** という言葉で表現します。つまり，水溶性・親水性の物質は極性をもった物質，脂溶性・疎水性の物質は極性をもたない物質ということです（表1）。

3 溶けている物質の量（濃度）

私たちのからだのなかは，純物質の水で満たされているのではなく，水を溶媒として，私たちが生命活動を維持するために利用するさまざまな物質が溶質として存在した溶液で満たされています。そして，皆さんがこれから勉強する栄養学の原点は，その溶質の状態から，からだの調子を判断したり，あるいは，溶質の状態を理想的な状態にしたりすることにあります。溶質の状態を考える際最も重要なのは，水のなかに存在するさまざまな物質の量を正確に把握することです。このとき，ある物質が“多い”，“少ない”という表現では情報共有ができないということは第2章で説明しました。したがって皆さんは，栄養学の勉強をスタートさせる前に，物質の量のあらわし方を学ぶ必要があります。特に溶液中の物質の量をあらわすためにはどんな方法があるのかということ，また，いろいろなあらわし方があった場合，それぞれがどのような関係でどのように換算すればよいのかということをきちんと知っておく必要があります[6]。

これらはなにも特別なことではなく，皆さんが高校生の頃までの勉強のなかで，理科に限らずそのほかの科目でも学んできていることです[7]。しかし，これまでに学んだときには，こんなにも栄養学に関係する大切な知識だとは思っていなかったのではないでしょうか。「今さらいわれても，後悔先にたたずだし…」と落ち込んでいる人もいるかもしれませんが，落ち込んでいる場合ではありません。今からでもまだ間に合います。それに，人は「大事だから勉強して絶対にものにするぞ！」と思うと，自分でもびっくりするくらい短期間で理解できるものです。頑張って進んでいきましょう。

❻いわゆる“重さ・体積”や“濃度”，“単位変換”などとよばれるものです

❼算数や数学で“体積の計算”や“濃度計算”“割合”について学んだ記憶はありますよね

A.“重さ”を考える

私たちが日常生活を送っていくなかで，ものの量をあらわすとき，どのように表現しているでしょうか？ もちろん，“多い”“少ない”といった表現ではなく数値としての表現です。まず，誰もが思いつくのが，**“重さ”**だと思います。

私たちが普段使っている“重さ”に関連した言葉には，“質量”と“重量”というものがあります。日常生活では，この2つについてほとんど違いを気にせず使っていますが，じつは違います。本来，もの（物質）の重さは“質量”です。「えっ！」と驚いた人も多いと思いますので，少

図6　質量と重量の違い

しだけそれぞれの言葉の定義に触れておきます。**質量**というのは，先ほどいったようにもの（物質）のもつ量，いわゆる私たちが思う“重さ”です。その単位は，kgやg，mgなどです。一方，**重量**というのは，物質にかかる**“重力の量”**です。重力というのは，物質にかかる引力のことなので，その量となる重量はエネルギー量です。したがって，単位はエネルギー量のN（ニュートン）や，kg重，g重です。

最近はテレビなどで宇宙に滞在する宇宙飛行士の話がよく話題になりますが，そのなかで宇宙飛行士は地球上にいる私たちと違って空間に浮いています。これは，宇宙空間では地球上のような重力（引力）がはたらかないために起こったことで，宇宙飛行士の体重（体の質量）がなくなったわけではありません。すなわち，質量は不変ですが，重量はエネルギー量であるため，条件によって変化するということです（図6）。

このように考えていくと，どのくらいの量かを数値であらわすことも重要ですが，その数値がどんなものであるかをあらわす“単位”も同じく重要であることがわかると思います。皆さんも数値をみるときは単位までしっかり確認することを習慣にしましょう。

では，これから皆さんが栄養学の勉強するために知っておく必要がある表現方法や単位について，1つずつ確認していきましょう。

B. 質量だけではうまくいかない

質量とはどんなものかは，先ほどの話でわかったと思います。では質

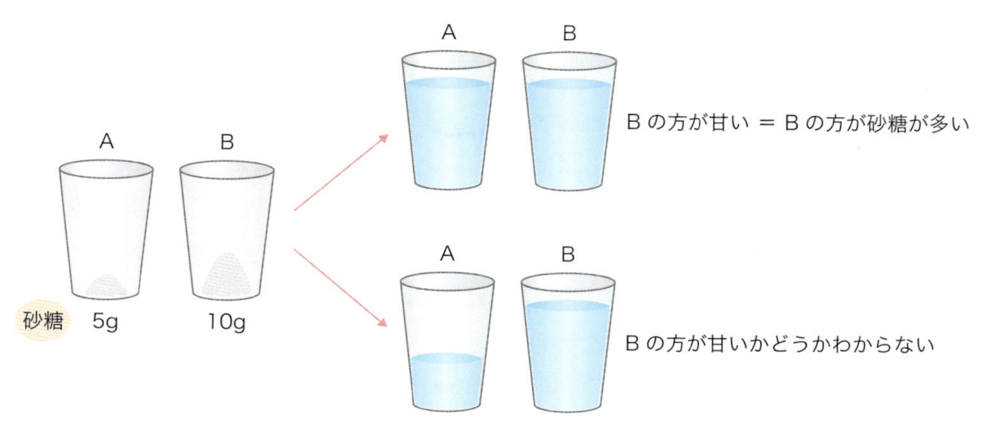

図7　砂糖の量だけでは甘さは決められない

量さえわかれば，物質の量の情報共有は十分にできるのでしょうか？

例えば，砂糖水が入った2つのコップAとBがあったとします。そして，それぞれの砂糖水に含まれている砂糖の量が多いか少ないかを比べようとしたとき，コップAのなかに入っている砂糖水に含まれている砂糖は5 g，コップBのなかに入っている砂糖水に含まれる砂糖は10 gでした。これを単純に溶質の質量の数値だけでみると，コップBに入っている方が多いとなります。はたしてこれでよいでしょうか？ このようにたずねられると，きっと皆さんはダメなんだと思うと思いますが，思うだけではなく，きちんとそう思う理由が説明できないといけません。どうしてダメなのでしょうか？

ここまでの説明では，それぞれのコップに注がれた砂糖水の量に関する情報が足りません。なぜ，注がれた砂糖水の量が必要なのでしょうか？砂糖が多い砂糖水は甘いですよね。コップA・Bともに，同じ量の水が入っているとすると，コップBの方が甘くなります。つまりコップBの方が砂糖が多いといえます。また，コップBの方がコップAよりも水が少ない場合は，より甘さが強くなるのは皆さんも感覚的にわかると思います。けれども，コップBに注がれた水の量がコップAよりも多い場合はどうでしょうか？ コップBの方が甘いと断言できますか？ 少しだけコップBの水の量が多いくらいであれば，コップBの方が甘そうですが，極端にコップBの方が水の量が多い場合，コップBの方が甘いとはいえません（図7）。つまり，水の量によっては，どちらの方が甘いか（つまり砂糖が多いか）が変わってくるということです。これでは困ります。

したがって，なにかについて比較するときは，比較する対象以外の条件は**すべて同じ**である必要があります。先ほどの例であれば，砂糖水の量を同じにして比較することが必要です。本項の最初に話したように，皆さんが勉強する栄養学では，ヒトのからだのなかに存在する物質の動き，すなわち，からだのなかの水溶液中の溶質の動き（量的な変化）をみることが重要となります。つまり，溶液中の溶質の量を厳密に理解し，比較することは，栄養学では非常に重要であるということです。実際に栄養学のどのような場面で必要となるかはこの章の最後に解説しますが，ここでは溶液中の溶質量のあらわし方について，いくつか考えてみましょう。

C. 質量パーセント濃度

まずは日常生活においても目にすることのある溶液中の溶質量のあらわし方，**質量パーセント濃度**について考えてみましょう。パーセント[8]は日常生活のなかで割合をあらわす百分率として馴染みのあるものだと思います。この割合を使って溶質と溶媒の量的な関係，溶液中の溶質量をあらわす質量パーセント濃度は，**溶液 100 g に対する**溶質の質量をあらわしたものです。式にすると

[8] パーセント（percent）とは，per（～につき，あるいは，～ごとに）と，cent（100）がくっついたものです

$$\text{質量パーセント濃度（\%）} = \frac{\text{溶質の質量（g）}}{\text{溶液の質量（g）}} \times 100$$

$$= \frac{\text{溶質の質量（g）}}{\text{溶質の質量（g）＋溶媒の質量（g）}} \times 100$$

となります。したがって，質量パーセント濃度 x %の砂糖水とは，溶液 100 g に対して砂糖 x g の割合で溶けている砂糖水（砂糖水溶液）ということを示しています（図8）。

少し，質量パーセント濃度に関する計算問題を解いてみましょう。

例題 **砂糖 30 g を水 200 g に溶かした砂糖水溶液の質量パーセント濃度は何％か求めよ。**

この場合，溶質は砂糖，溶媒は水ということになります。したがって，溶質の質量は 30 g，溶媒の質量は 200 g であることをもとにして質量パーセント濃度を求めます。よって，先ほど示した式に数値を当てはめると，

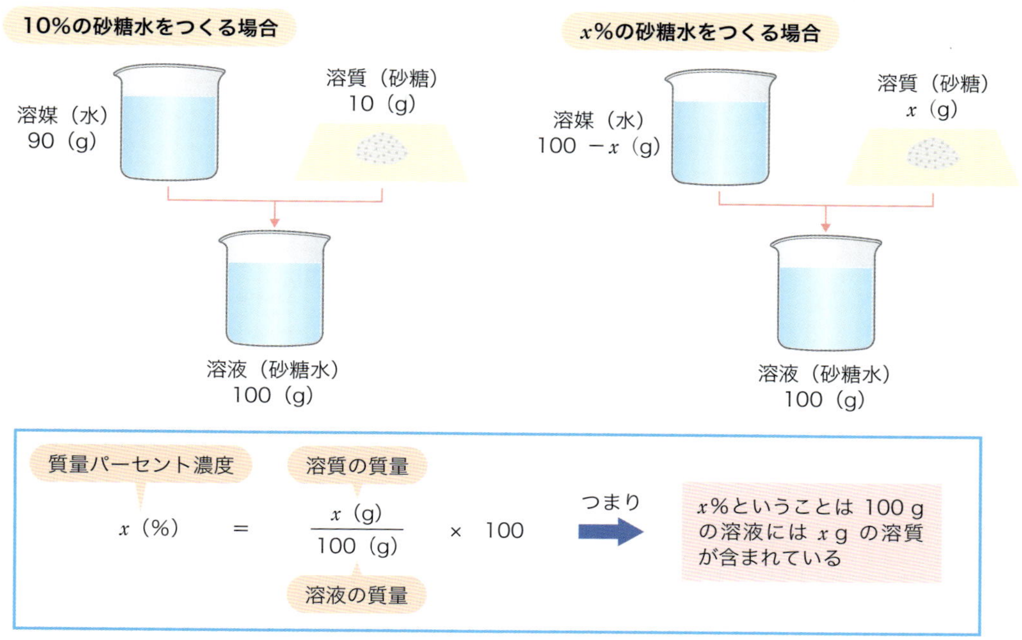

10%の砂糖水をつくる場合

溶媒（水）
90（g）

溶質（砂糖）
10（g）

溶液（砂糖水）
100（g）

x%の砂糖水をつくる場合

溶媒（水）
100 − x（g）

溶質（砂糖）
x（g）

溶液（砂糖水）
100（g）

質量パーセント濃度　溶質の質量　溶液の質量

$$x\ (\%) = \frac{x\ (\mathrm{g})}{100\ (\mathrm{g})} \times 100$$

つまり → x%ということは 100 g の溶液には x g の溶質が含まれている

図8　**質量パーセント濃度の考え方**

$$\text{質量パーセント濃度 (\%)} = \frac{30\ (\mathrm{g})}{30\ (\mathrm{g}) + 200\ (\mathrm{g})} \times 100 = 13.0434\cdots$$

となり，砂糖水溶液の質量パーセント濃度は**13%**です。これが答えになります。

次は少し実際的な問題です。

例題　**質量パーセント濃度5%の砂糖水溶液を250 gつくるために必要な砂糖は何gか求めよ。**

この問題では，溶質の質量を求めたいので，先ほどの質量パーセント濃度の式を変形し，

$$\text{溶質の質量 (g)} = \text{溶液の質量 (g)} \times \frac{\text{質量パーセント濃度}}{100}$$

とします。この式に，それぞれわかっている数値を入れていきます。

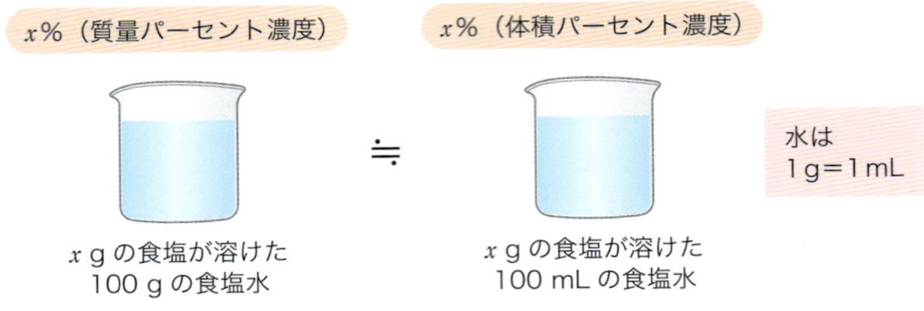

図9　質量パーセント濃度と体積パーセント濃度

$$溶質の質量\ (g) = 250\ (g) \times \frac{5}{100} = 12.5\ (g)$$

よって，必要な砂糖は**12.5 g**となり，これが答えです。できましたか？

ここでとりあげたのは質量パーセント濃度ですが，同じパーセントという割合を用いた濃度のあらわし方に，**体積パーセント濃度**というものもあります。質量パーセント濃度が溶液100 gに対する溶質の質量であったように，体積パーセント濃度は**溶液100 mLに対する**溶質の質量をあらわします。

溶液は液体であるので，質量より体積（容量）の方が考えやすいことから，実際には，質量パーセント濃度であるか体積パーセント濃度であるかをはっきりとせずに，ただパーセント濃度として同等に取り扱う場合が多くみられます。しかし，質量は変化するものではありませんが，体積は条件によって変化します。また，単位体積あたりの物質の質量をあらわす**密度**（g/mL）は，例えば水だけの場合は1 g/mLですが，なにかの溶質が溶けた水溶液になると密度が違ってきます[9]。したがって，この2つの濃度の関係は厳密にいうと一致しませんが，溶液の濃度が薄い場合はその違いがわずかなので同じように扱っても差し支えありません（図9）。このことは，少し頭の片隅においておいてください。

[9] 比重については，「本章4. 密度と比重」で詳しく説明します

D. 物質量（モル）とモル濃度

1）物質量（モル）とはなにか

日常生活のなかで私たちがものの量をあらわすとき，ここまでに解説した重さ（質量）や容量（体積）であらわす方法以外にもいろいろな方法があります。例えば，“りんご1個”いうように個数であらわす方法の

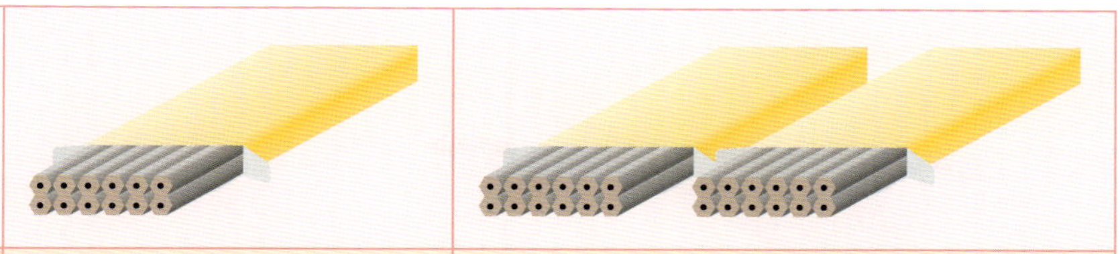

本数	12本	2×12本
ダース	1ダース	2ダース

図10　ダースの考え方

ほかに，対象が小さいものやある程度まとめて扱う方が都合のいい場合には決まった量を1つの単位としてあらわす方法があります。後者の例としては，皆さんも鉛筆などの量をあらわすときに聞いたことがある“ダース”があげられます。これは12個を1つの単位，“1ダース”としてものの量をあらわす方法です（図10）。このようにきちんとルールとして一般化されているものであれば，それもきちんとしたものの量をあらわす方法です。

この“ダース”と同じように，科学のフィールドできちんとしたルールのもとで物質の量をあらわす方法が**物質量（モル）**です。では，物質量（モル）とは，どんな量なのでしょうか？

第2章で物質を構成する粒子についての話をしました。物質の性質が確認できなくなる寸前まで物質をバラバラにしていく[10]と，それらの粒子1個は私たちの肉眼では当然確認できません。そのような大きさの粒子を1個，2個…と数えて，量をあらわすことは無理だということはわかると思います。「では，物質の量は先ほどの質量であらわす方法だけでいいです」といいたいところですが，そうはいきません。粒子の数が必要な場合があります。そのときに役立つのが物質量（モル）です。

[10]すなわち，その物質を構成している基本単位の粒子（分子やイオン結合の粒子，原子など）まで細かくするということです

2）物質量があらわす数

先ほど紹介した“ダース”のように，ある一定の個数をまとめて1つの単位として扱うことが，物質の粒子を数えるときにも行われます。それが物質量（モル）であり，物質を構成している基本単位が**6.02×10^{23}個**集まっていることを**1物質量**（**1モル，1 mol**）と表現します（図11）。これが科学のルールです。また，このときの“6.02×10^{23}”を**アボガドロ定数**といいます。

第2章でお話ししたとおり，私たちの日常にある物質は固体や液体，気体という状態で存在します。そのなかで，特に気体状態の物質の粒子

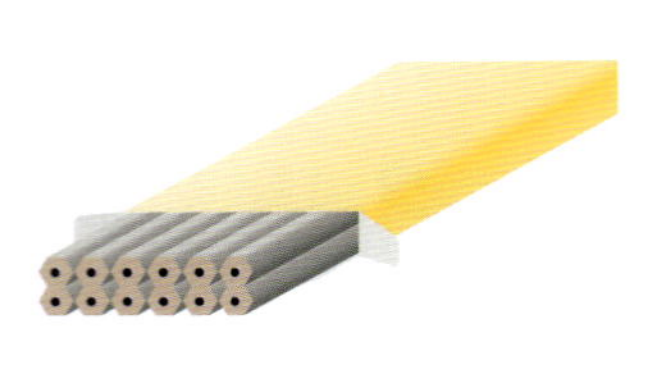

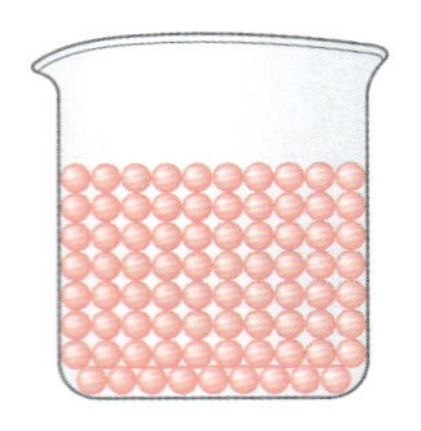

1 ダース＝12 個　　1mol＝6.02×10^{23} 個（アボガドロ定数）

図11　**ダースとモルの比較**

22.4 L　＝　1 mol（6.02×10^{23} 個のヘリウム原子が含まれている）

ヘリウムガスを
入れた風船

図12　**1 molの気体の体積**

数は数えようとしても数えにくいことは感覚的にわかると思います。ここでもう１つ役立つルールがあります。気体状態にある物質の１ molは，22.4 Lの体積になるということです。これは，気体状態の物質22.4 L中には，その物質を構成している基本単位が6.02×10^{23}個含まれているということを意味しています（図12）。

また，固体や液体状態であってもその物質の粒子の数を数えるのは難しいというのもわかると思います。するとやはり個数よりも重さ（質量）をもとに考える方が容易です。ここでさらにもう１つ役立つルールがあります。第２章で解説した周期表に**“原子量”**というものが掲載されていたことを，皆さん覚えていますか？ じつは原子が6.02×10^{23}個集まった場合，質量はその元素の原子量に等しくなります。つまり，物質１ molの質量は，その物質の基本単位を構成している元素の総質量になります。

これを水を例にあげて説明すると，水の基本単位は分子であり，その構成は，酸素原子１個と水素原子２個でした。また，酸素元素の原子量は16，水元素の原子量は１のため，それぞれが１ molずつ存在すると，酸素は16 g，水素は１ gになります。つまり，水１ molの質量は

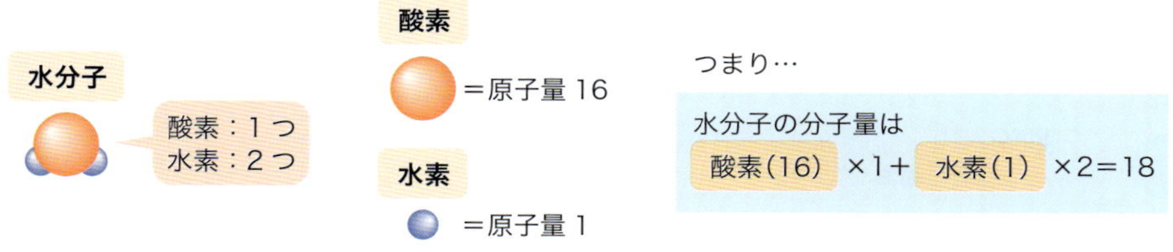

図13　**分子量の計算**

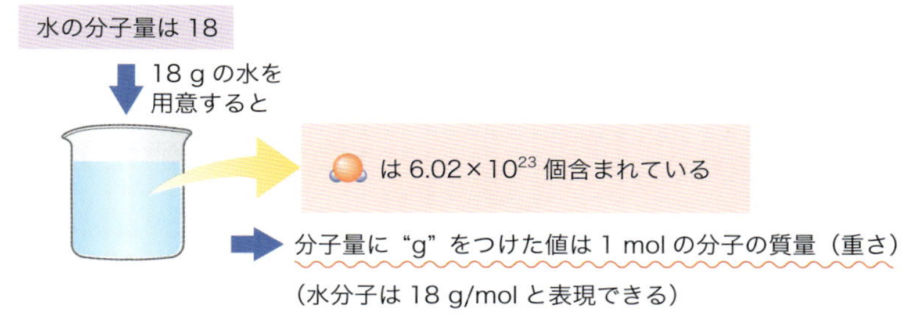

図14　**分子量とモルの関係**

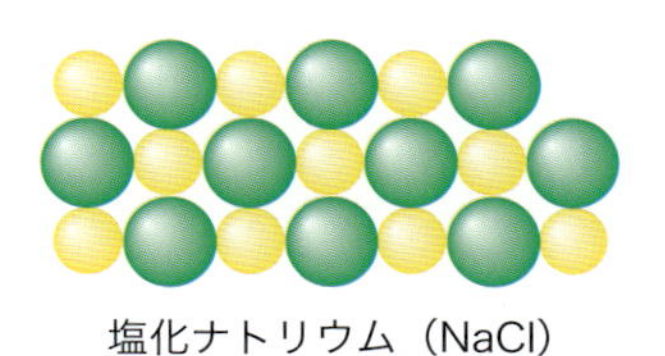

図15　**塩化ナトリウムの構造**

16 (g) ＋ 1 (g) × 2 ＝ 18 (g) となります (図13)[11]。このことから，水18 g中には，水分子が6.02 × 10^{23} 個存在していることになります（図14）。

物質を構成する基本単位は，分子だけではありませんでした。そのほかにイオンからできている物質もありました。この場合はどうでしょうか？ 考え方は基本的に同じです。イオンからできている物質は，構成している原子の種類とそれぞれの原子の数の比を最も簡単な比であらわしたもの[12]を，基本単位とします。

これを塩化ナトリウム（食塩）で説明すると，塩化ナトリウムは，塩化物イオン（Cl^-）とナトリウムイオン（Na^+）が規則正しく立体的に交互に並んだ構造をしている物質でした（図15）。この関係を組成式にするとNaClで，塩化ナトリウムはナトリウム原子と塩素原子が1：1で存在することが基本単位です。また，ナトリウム原子の原子量は23，塩素原子の原子量は35.5です。したがって，塩化ナトリウム1 molの質量は，23 (g) ＋35.5 (g) ＝58.5 (g) となります（図16）[13]。

「つまり，塩化ナトリウム58.5 g中には…」とお話しようとすると皆さんのなかには「6.02 × 10^{23} 個基本単位があるということでしょ」と思っている人もいるかもしれませんが，じつはここが水と違うポイントです。水の場合ははっきりと基本単位が水分子であるといえますが，塩化ナトリウムはその構造から基本単位というものが明確に存在せず，ナ

[11] このように原子量を分子内の原子の数だけ足し合わせた数を“**分子量**”とよびます。つまり水の分子量は18です。また“分子1 molの質量（**モル質量**）”を示す単位はg/molであり，水は18 g/molと表現することができます

[12] このようにイオン結合からなる物質の原子の種類と数の比を化学式であらわしたものは“**組成式**”とよばれます

[13] このように組成式どおりに原子量を足し合わせた数を“**式量**”とよびます。つまり塩化ナトリウムの式量は58.5です。また分子のときと同様に“イオン結合からなる物質1 molの質量”を示す単位はg/molであり，塩化ナトリウムは58.5 g/molと表現することができます

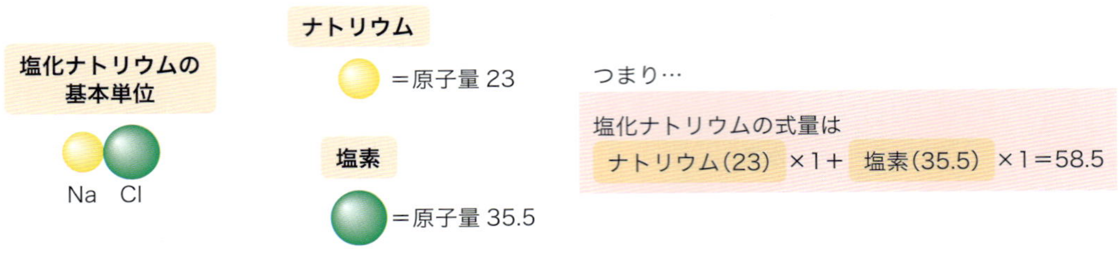

ナトリウム

=原子量 23

塩化ナトリウムの基本単位

塩素

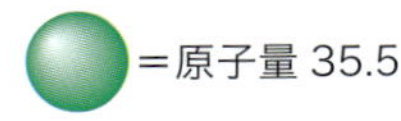

つまり…

塩化ナトリウムの式量は
ナトリウム(23) ×1＋ 塩素(35.5) ×1＝58.5

図16 式量の計算

塩化ナトリウムの式量は 58.5

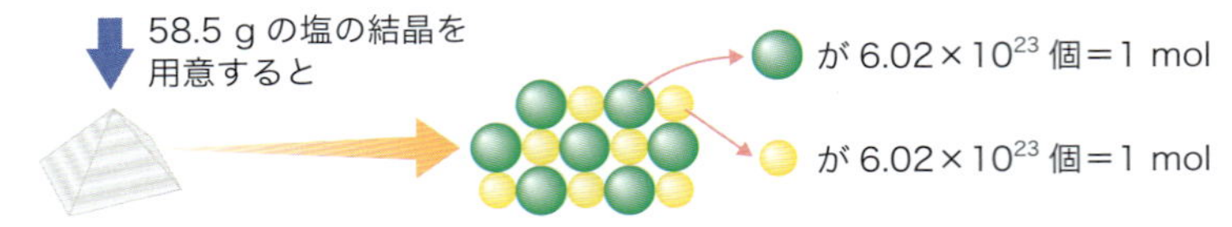

図17 イオンでできている物質とモルの関係

トリウムイオンと塩化物イオンが同じ比率で存在することで成り立っている物質であると考えます。よって，塩化ナトリウム58.5 g中には，組成式であらわすようなNaClが6.02×10^{23}個あるのではなく，ナトリウムイオンが6.02×10^{23}個（1 mol）と塩化物イオンが6.02×10^{23}個（1 mol）存在していると考えます（図17）。この考え方は，第4章以降で必要になることがあるので覚えておいてください。

3）物質量という考え方が必要な理由

物質量（モル）について簡単に話してきましたが，どうでしょうか？そんなに難しいものではなかったのではありませんか？ ここまで，原子量，分子量，式量などの用語とそれぞれの数値と物質量（モル）との関係性を解説してきましたが，これらはすべて科学的なルールによって成り立っていました。私たちの身の回りには，普段ルール（基準）を意識していないものでも，必ずといっていいほどルールがあります。この章で解説した重さ（質量）も，じつはルールによって決められているものなのです。

質量の場合は，キログラム原器というものがあり，この円柱状の分銅の質量を1 kgとするというルールのもとで，その1000分の1が1 gと定義されているのです（図18）[14]。そして，これと同じように物質を構成している粒子の質量もルールによって決まっています。

[14] 近年，人工物であるキログラム原器を基準としない，キログラムの再定義が行われようとしています。2018年の国際度量衡総会（CGPM）で新しい定義が決まるかもしれません

図18　キログラム原器

このようにお話しすると，「えっ！ 質量の基準が決まっているから，それを使えば，粒子のために新しくルールをつくる必要はないのでは？」と，感じる人がいるかもしれません。確かにそうですよね。しかし，第2章で解説した元素や原子についての話を少し思い出してみてください。物質を構成する粒子として最も小さなものは原子でした。また，原子は電子，陽子，中性子という粒子からできていました。よって，原子量（原子の質量）は，その原子を構成している粒子の質量の総質量とすればよいことになります。しかし，それぞれの原子には粒子の構成（中性子の数）が異なる原子，つまり同位体が存在しました。原子量を原子を構成している粒子の総質量としてしまうと，同位体では原子量が変わってしまいますがそれでは困ります。そのため，やはり何らかのルールが必要になってきます。そこで**原子量**は，中性子６個，陽子６個をもった**炭素原子**（$^{12}_{6}C$）の質量を**12**と定義して，それぞれの原子の質量を相対的に決めています。分子量や式量についても，この炭素原子の質量を基準にして決めています。

4）物質量の計算

それでは，少しスッキリとしたところで，物質量についての練習に取り組んでみましょう。

例題　**3.01×10^{22}個の水分子は，何モルか求めよ。**

1 molという量は，基本単位が6.02×10^{23}個集まったものでした。したがって，この場合は3.01×10^{22}個の水分子であるので，次のような式をつくることができます。

$$物質量（mol）= \frac{3.01 \times 10^{22}}{6.02 \times 10^{23}}$$

これを計算すると，前半の部分は0.5となり，後半の指数の部分は$10^{(22-23)}$となるので，これらを合わせて5.0×10^{-2}（＝0.05）になります。よって，答えは**5.0×10^{-2}**（＝0.05）**mol**です。

では，次の問題に進みましょう。

例題 0.03 molの塩化ナトリウムは，何gか求めよ。

1 molの物質の質量は，その物質が分子からなっている場合はその分子量，イオンからなっている場合は式量と一致するということでした。そして，先ほどの話から塩化ナトリウムの式量は58.5でした。つまり1 molの質量（モル質量）は，58.5 g/molです。したがって，この場合は0.03 molの質量を求めたいので，

質量（g）＝モル質量（g/mol）×物質量（mol）
＝58.5（g/mol）×0.03（mol）

の式がつくれます。これを計算すると1.755となり，答えは**1.8 g**です。

5）モル濃度の計算

物質量について，理解できましたか？ この章では，溶液中の溶質の量，すなわち濃度についての話をしていますので，引き続いて，この物質量を使った濃度について確認していくことにしましょう。

物質量を使った濃度には，体積モル濃度と質量モル濃度があります。**体積モル濃度（mol/L）**は**溶液**1 Lに対する溶質の物質量であり，**質量モル濃度（mol/kg）**は**溶媒**1 kgに対する溶質の物質量です。ここで注意しないといけないのは，体積モル濃度の場合は溶液1 Lで，質量モル濃度の場合は溶媒1 kgです（図19）。この理由は，以前パーセント濃度の解説で少し話をした溶液の密度が関係しており，溶液の濃度が濃かったり，溶液の量が多かったりする場合は溶液の体積と質量の違いが大きくなるので，体積モル濃度と質量モル濃度を分けて考える必要があります。もちろん，溶媒が水で溶質の量が少ない希薄水溶液ではその差は小さくなります。

では，問題を解いてみましょう。

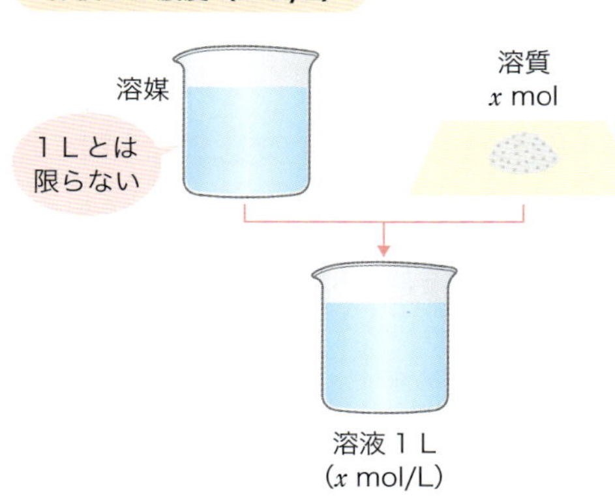

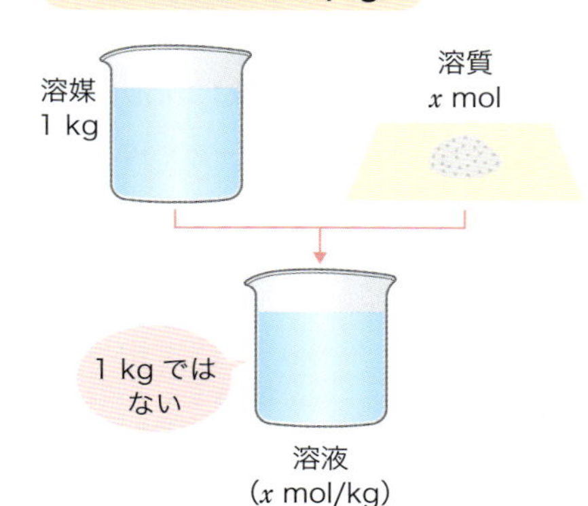

図19　体積モル濃度と質量モル濃度

例題　30 gの水酸化ナトリウム（NaOH）を100 gの水に溶かしてできる104 mLの水溶液の体積モル濃度と質量モル濃度を求めよ。ただし，原子量はH＝1，O＝16，Na＝23とする。

まず，水酸化ナトリウムの式量を求めることにします。すると，

水酸化ナトリウムの式量＝23＋16＋1＝40

になります。次にこれを使って，30 gの水酸化ナトリウムの物質量を求めることにします。

$$\text{水酸化ナトリウムの物質量（mol）} = \frac{\text{溶質の質量（g）}}{\text{モル質量（g/mol）}} = \frac{30\ \text{(g)}}{40\ \text{(g/mol)}} = 0.75\ \text{(mol)}$$

となり，水溶液104 mL中には0.75 molの水酸化ナトリウムが溶けていることになります。体積モル濃度は溶液1 Lに対する溶質の物質量だったので，この水溶液1 L中の水酸化ナトリウムの物質量を計算します。その計算式は，

$$\text{体積モル濃度（mol/L）} = \frac{\text{溶質の物質量（mol）}}{\text{溶液の体積（L）}} = \frac{0.75\ \text{(mol)}}{\frac{104}{1000}\ \text{(L)}} = 0.75 \times \frac{1000}{104} = 7.2115\cdots$$

第3章　溶液の濃度

となります。よって，この水酸化ナトリウム水溶液の**体積モル濃度**は**7.21 mol/L**です。

一方，質量モル濃度は溶媒 1 kg に対する溶質の物質量だったので，この水溶液と同じ濃度のものを 1 kg の溶媒でつくることを考えればよいということになります。問題では，100 g の水に溶かしたということだったので，これと先ほど求めた水酸化ナトリウムの物質量（0.75 mol）を使って，この水溶液の質量モル濃度を求めます。そうすると計算式は，

$$\text{質量モル濃度（mol/kg）} = \frac{\text{溶質の物質量（mol）}}{\text{溶媒の質量（kg）}} = \frac{0.75\ \text{(mol)}}{\frac{100}{1000}\ \text{(kg)}} = 0.75 \times \frac{1000}{100} = 7.5$$

となります。よって，この水酸化ナトリウム水溶液の**質量モル濃度**は**7.5 mol/kg**です。

いかがでしたか？ このようにやってみるとそんなに難しいものではないと思います。最初は時間がかかりますが，コツを掴（つか）んでくるとだんだんと早くなってきます。しかし，何でもそうですが，時間がかかるからといって，やらなかったり，あるいは手を抜いて楽な方法をとったり（皆さんのなかにはいないと思いますが，友人がやったものをみせてもらったり）していると，いつになっても自分のものにならず，自信をもつことができません。まじめにコツコツ積み重ねましょう。

4 密度と比重

これまでの章や先ほどの濃度の話のなかで，何度か“密度”という言葉が出てきましたが，体積と質量の関係をあらわすものとしか説明してきませんでした。しかし，じつは栄養学の勉強のなかのいろいろな場面で，密度を利用しないといけないことが多々あります。それは，どのようなときでしょうか？ 体積を質量に，あるいは質量を体積にする，いわゆる換算において密度は深く関係します。ここでは，その密度について少し確認しておきます。

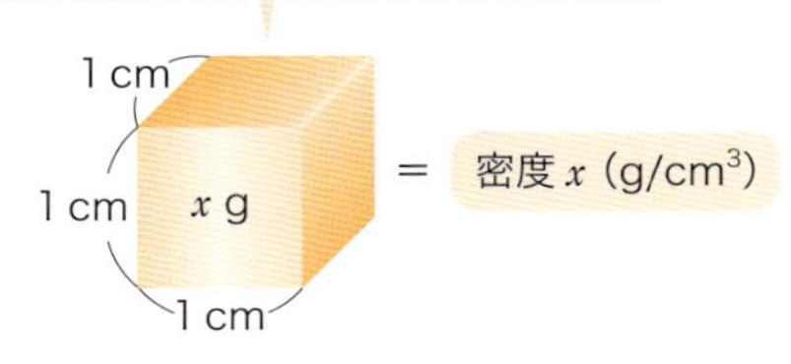

図 20　密度の定義

A. 密度とはなにか？ 体積・容積とはなにか？

密度とは，一定体積あたりの物質の質量をいいます。**1 立方センチメートル**（1cm^3）あたりの物質の質量であれば，単位はg/cm^{3}であらわします（図 20）。**体積**の場合は，その単位として立方センチメートル（cm^3）や立方メートル（m^3）を用いますが，対象の物質が溶液（液体）のときは，体積ではなく**容積（液体の体積）**を用いる方が便利で，皆さんが勉強する栄養学のなかでも容積をよく使います。容積をあらわす場合は，体積と同じ単位を用いることもありますが，容積独自の単位，すなわちミリリットル（mL）やリットル（L）を用います。

質量と体積の関係および密度の利用方法を確認する前に，まず体積と容積の単位の関係を確認しておきましょう。1 cm^{3}は，縦・横・高さが1 cmの立方体の体積です。これは容積の1 mLと同じです。また，1 Lは1,000 mLであるので，1,000 cm^{3}であり1,000は10の3乗（10^3）のため，縦・横・高さが10 cmの立方体の体積と同じということです（図 21）。

また，皆さんが調理でよくみる単位“cc”は，立方センチメートルの英語表記であるcube centimeterの省略形です。よって，1 cm^3 = 1 mL = 1 ccです。

B. 密度をどう使うか？

次に，密度の利用方法に移ります。例えば，ある物質の質量はわかっているが体積はわからないときや，その逆で，ある物質の体積はわかっているが質量がわからないときに，その物質の密度がわかっているとわからない部分を求めることができます。では，どのようにして求めるのでしょうか？ 物質の質量がわかっていて体積を求めたい場合は，物質の**質量を密度で割る**と求められます。そして，物質の体積がわかっていて質量を求めたい場合は，物質の**体積に密度をかける**と求められます。皆

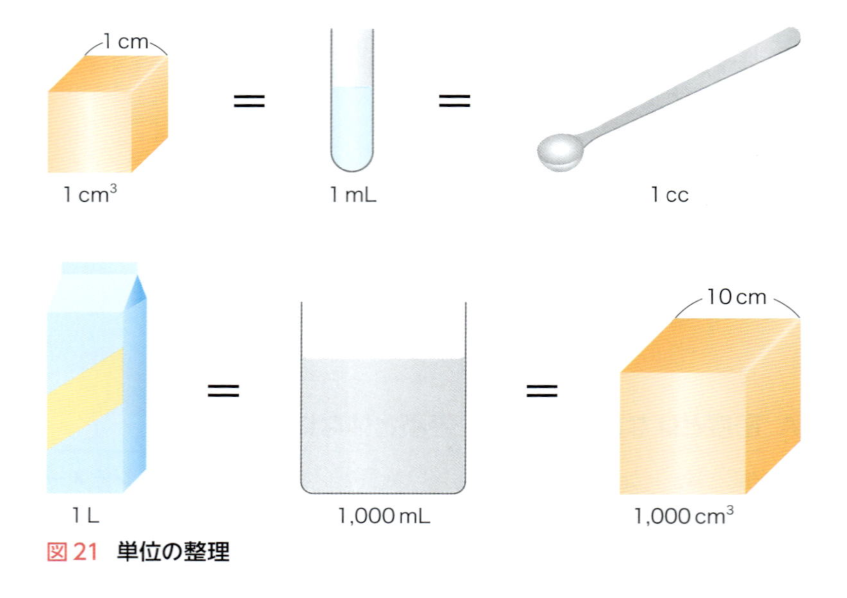

図 21　単位の整理

さんのなかには,「どっちを求めたいときに, 密度をかけるの？ 割るの？」と, パニックに陥る人もいるかもしれませんが, 慌てることはありません。落ち着いてください。自分の立てた計算式があっているかどうかを確認するときは, 単位に注目することが大事です。計算式を立てるときには数値だけでなく, その数値についている単位も含めて式を立てるようにし, 数値と同じように単位も計算して, その結果, 求めたいものの単位が残っていれば, 正しい計算式がつくれています。

例えば, 物質の質量がわかっていて密度を使って体積を求めたいときは, 迷うのではなくとりあえず計算式をたててみればよいのです。質量の単位はg（あるいはkg), 密度の単位はg/cm^3なので, かけた場合は$g \times g/cm^3$と計算式ではあらわされ, 結果, 単位はg^2/cm^3となります。これは体積をあらわすものではないので誤りです。続いて, 割った場合は$g \div g/cm^3 = g \times cm^3/g$と計算式であらわされるため, 結果, 残った単位がcm^3となって, これは体積をあらわす単位ですから, この場合はたてた計算式は正しいということです。

C. 比重とはなにか？

さて, 次に“比重”について確認します。もしかすると皆さんにとっては, 先ほどの“密度”という言葉よりも, これから確認する“比重”の方がよく耳にする言葉かもしれません。そして,“密度”と“比重”を混同している人も少なくないと思います。

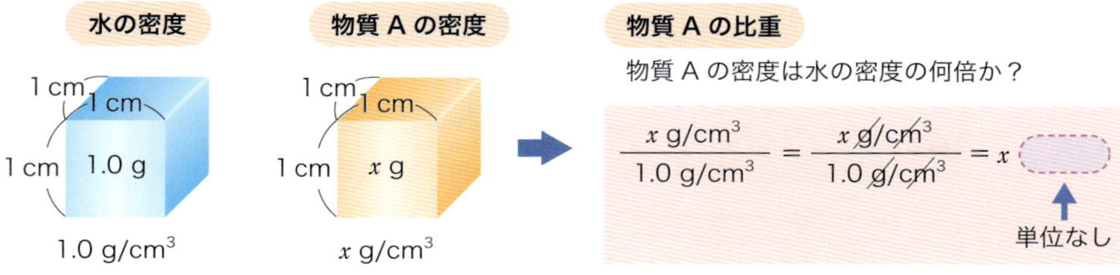

図22 密度と比重の関係

比重とは，文字どおり“重さ（質量）を比べる”ことです。では，なにとどのように比べるのでしょうか？ 比べる対象は本書でよく出てくる“水”です。また，水となにかの質量を比べるためには，質量以外の条件はすべて同じでなければなりません。つまり，体積を揃えます。水の密度は1.0 g/cm^{3}です。これは1 cm^{3}あたりの質量が1.0 gであることを示しています。では，同じようにある物質の1 cm^{3}あたりの質量を表現するとどうなるでしょうか？ そうです，密度になります。つまり，ある物質の密度が水の密度の何倍であるかを計算することが比重を求める方法になります。このとき，水の密度が1.0 g/cm^{3}であるため，なにと比べたとしても比べる対象の密度の値がそのまま比重になってしまいます。これが密度と比重を混同する原因です。しかし，実際は違います。そのものだけをみているのが密度，水と比較しているのが比重です。また，単位に着目するとその違いはよりわかります。密度には単位がありますが，比重には単位がありません。その理由は図22のように単位を計算してみるとよくわかるのではないでしょうか。

ここで密度の意味や利用のしかたが確認できたところで，その応用として次のような問題に取り組んでみましょう。

例題 **質量パーセント濃度30 %の砂糖水溶液の体積モル濃度を求めよ。ただし，この砂糖水溶液の密度は1.13 g/cm^{3}で砂糖（ショ糖）の分子式は$C_{12}H_{22}O_{11}$とする。**

この問題は質量パーセント濃度を体積モル濃度に換算するものです[15]。まず，質量パーセント濃度とは，どのような濃度だったのでしょうか？ それは，溶液100 gに対しての溶質の質量をあらわすものでした。この場合では，溶液100 gには砂糖が30 g含まれていることになります。一方，体積モル濃度は溶液1 L中に含まれる溶質の物質量でした。

[15] 皆さんのなかには，どうしてこのような換算が必要になるのか疑問に思っている人もいるかもしれません。栄養学において「溶液の濃度はいつも質量パーセント濃度で示しましょう」というような決まりはありません。対象や状況によって表記はいろいろと変わります。つまり必要に応じて自分で共通の表記に変えなければならないのです

この問題で厄介なことは，溶液の量が1つは質量で，もう1つは体積であらわされているところです。この部分を統一しないといけません。このことを解決してくれるのが，先ほどの密度になります。密度を使って質量から体積を求めるにはどうすればよかったでしょうか？ そうです。質量を密度で割ればよかったですよね。すると，砂糖水溶液100 gの体積は，

$$溶液の体積\ (cm^3) = \frac{溶液の質量\ (g)}{溶液の密度\ (g/cm^3)} = \frac{100\ (g)}{1.13\ (cm^3/g)}$$
$$= 88.495\cdots \fallingdotseq 88.50\ cm^3$$

です。1 cm^3は1 mLだったので，88.5 mLです⑯。したがって質量パーセント濃度30 %の砂糖水溶液は，溶液88.5 mL中に砂糖が30 g含まれている溶液ということです。

一方，30 gの砂糖は物質量で表現するといくらになるでしょうか？

砂糖（$C_{12}H_{22}O_{11}$）の分子量⑰は，

$$12 \times 12 + 1 \times 22 + 16 \times 11 = 342$$

ですので，モル質量は342 g/molです。これをもとにすると，30 gの砂糖の物質量は，

$$物質量\ (mol) = \frac{質量\ (g)}{モル質量\ (g/mol)} = \frac{30\ (g)}{342\ (g/mol)}$$
$$= 0.08771\cdots \fallingdotseq 0.0877\ (mol)$$

となります。つまり88.5 mLの砂糖水溶液中に，0.0877 molの砂糖が溶けているということです。これをもとに体積モル濃度を求めると，

$$体積モル濃度\ (mol/L) = \frac{溶質の物質量\ (mol)}{溶液の体積\ (L)}$$
$$= \frac{0.0877\ (mol)}{\frac{88.5}{1000}\ (L)} = 0.0877 \times \frac{1000}{88.5}$$
$$= 0.9909\cdots \fallingdotseq 0.991\ (mol/L)$$

となります。まとめると，質量パーセント濃度30 %の砂糖水溶液は，体積モル濃度で**0.991 mol/L**の溶液ということです。これがこの問題の答えになります。

⑯
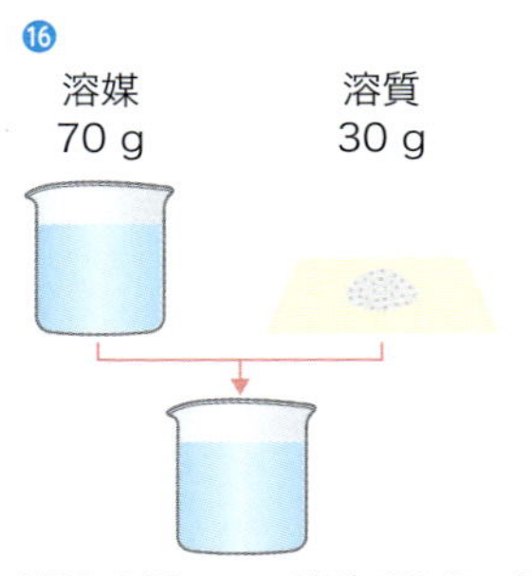

溶液100 g = 溶液88.5 mL
(=100 g÷1.13 g/cm^3)

⑰原子量はこれまでの解説で出てきたとおり，C = 12，H = 1，O = 16です

D. 丸暗記はやめよう

この問題を解いていくなかで，皆さんのなかには，「ただ換算するだけなのに，なぜ1つひとつ順を追わないといけないのか？」「公式を使えばすぐに解けるのに，なぜ余計に複雑にしているのか？」と思う人がいるかもしれません。たしかに，高校時代であれば，このような濃度を換算する問題は，次のような式

$$\text{体積モル濃度（mol/L）} = \frac{10 \times \text{質量パーセント濃度} \times \text{密度（g/cm}^3\text{）}}{\text{モル質量}}$$

に，なにも考えず機械的に数値を入れて計算するだけだったかもしれません[18]。また，化学以外でも，重要な語句を覚えるだけ，出題頻度の高い問題をただこなすだけ，というような勉強が多かったかもしれません。

しかし，本書の「はじめに」でお話ししたように大学での勉強は大きく違います。皆さんの場合であれば，大学で栄養学を専門的に勉強し，知識を増やすことがゴールではありません。大学で学んだ栄養学を社会で活用していかないと大学で勉強した意味がありません。社会で活用するためには，問題の正解よりも，問題を解答するために，どのような過程を踏んだのか，きちんと筋を通して説明する能力が必要になります。その能力を身に付けることも，大学での勉強です。

また，特に栄養学を社会で活用する場合，大学で勉強したモデル的なパターンにあてはまる[19]事例は，ほとんどといっていいほどありません。そのようなときに「習っていませんから，できません」と答えるのでは，専門的に勉強した者として失格です。そのような場面では，大学で勉強したことをヒントにして，栄養学的に考えを巡らせて対処しないといけません。それができることが，大学でなにかを専門的に勉強した人の姿です。そのためにはまず，これまでのように簡単に正解にたどりつこうとすることをやめて，過程を大事にする考えに切り換えることが必要です。

[18] 公式に問題文の値を代入すると，答えは1 mol/Lとなります。先ほどの解答と違いますが，これは途中式で四捨五入を行ってきたことによるものです。途中の割り算を行わずに式の状態のまま組合わせ，最後にまとめて計算すれば同じ結果になります。また，途中で四捨五入することについては，厳密には“有効数字”という概念がかかわってきます。本書では化学の理解を優先するために触れませんが，今後の栄養学の勉強では必要となることですので，皆さん自身で一度調べてみてください

[19] 言い換えると，マニュアルにピッタリあてはまるということです

5 栄養学のなかの“濃度”

ここまでの解説で，物質の量や濃度についての知識を整理できたと思います。それによって，今まで濃度に対して抱いていた「難しい，ややこしい」というようなイメージは消えたのではないでしょうか。この章の最初でもいいましたが，栄養学において物質の量や濃度を把握することはとても重要です。では実際にどのような形で濃度の知識が必要となるのか，確認してみましょう。

A. ヒトのからだのなかの濃度

本書「はじめに」でお話ししたとおり，栄養の定義は，「生物が必要な物質を外界から取り入れ，その物質を生命活動のために活用すること」でした。つまり，外界から取り入れた物質をいろいろな化学反応の材料にして，私たちのからだをつくっている物質にしたり，あるいは私たちが日常で活動するためのエネルギーとなる物質にしたりしていることを示しています。では，その作業はからだのなかでどのように行われているのでしょうか？

1）からだをマンションに例えると…

私たちのからだは1個の大きな塊ではなく，小さな細胞が寄せ集まってつくられています。例えると，独立した部屋が集まってできた大きなマンションのようなものです（図23）。そして，“栄養”は，その1つひとつの部屋（細胞）で行われています。その1つひとつの部屋でどのような活動が行われているかを理解して，その部屋で必要としている物質を外から取り入れて提供し，その部屋でいらなくなった物質をきちんと外へ出す，この一連の流れをうまくいくようにすることが，栄養学の核になります。

「だったら，部屋を覗いてなにをしているかみればいいのでは？」と思うかもしれませんが，残念ながら，部屋を覗くことができないのです。だからといって「じゃあ，なにもできないので，適当でいいです」と開き直ったのでは，栄養学という学問は成り立ちませんし，栄養学を利用して人をよりよい健康な状態へ導いていくこともできません。では，どのようにしてこの問題を解決すればよいのでしょうか？

日常生活において皆さんも心あたりがあるかもしれませんが，なにかのときのためにと必要以上のものを買い込んだり，反対に捨てるべきものを捨てずにとっておいたりして，その結果，家のなかがもので溢(あふ)れて

図23　からだは細胞という部屋でできたマンション

しまうことがあります。

しかし，“からだマンション”ではそんなことは起こりません。快適に部屋で過ごせるようにするため，部屋のなかには必要なもの以外持ち込まず，不要になったものやゴミはすぐに捨てることを住民たちは徹底します。部屋のなか（細胞のなか）の様子を探るためには，この住民たちの性質を利用します。つまり，部屋の前の廊下に住民が必要になりそうなものをいくつかおいておくと，必要なときは部屋のドアが開いて部屋のなかへ入れ，必要でないときはいつまでも廊下におかれたままになります。一方，ゴミが出れば部屋のドアが開いてゴミが廊下に出されます（図24）。

ですから，部屋を覗けなくても，部屋の前の廊下におかれているものの様子を観察すると，部屋のなかでなにをしているのかを推測することができます。

この例え話ではマンションが私たちのからだ，そして，1つひとつの部屋が細胞，部屋の前の廊下が血管となります。マンションの廊下は動きませんが，この“からだマンション”では動く歩道あるいは回転寿司のベルトコンベアのように床が動きます。つまり，廊下の床は，血管のなかを流れる血液になります。

図24　部屋（細胞）への物質の出入り

ここまでくると，栄養学を勉強するために，物質の量や濃度に関する知識をきちんと身につけておく必要がある理由がわかってきたのではないでしょうか？ 私たちにとって必要なものも物質，そして不要になったものも物質で，これらすべての物質が体を巡っている血液のなかに存在します。したがって，これらの物質が溶質で，血液は溶液ということになります。そして，各物質の血液中の濃度は常に一定ではなく，変動しています。そのため，そのときどきの血液中の物質の量（濃度）をチェックすることでからだのなかの状態を推測することができるのです（図25）。だから，濃度についてきちんと理解することが大事なのです。皆さんも経験があると思いますが，健康診断や，からだの調子が悪くて病院へ行ったとき，血液検査をするのはこのためです。ではもっと具体的な話で，もう少し理解を深めてみましょう。

2）血糖値とはなにか

健康は誰もが気になることです。そのため，テレビ番組やその番組の間に流れるコマーシャルでも，健康に関することが頻繁に話題とされています。そのなかで，よく出てくる言葉の１つが**“血糖値”**です。この“血糖値”，文字通りに解釈すると，血液中の糖の値，すなわち，**血液中の糖濃度**となります。もう少し厳密にいうと，糖とは**“グルコース”**とよばれる糖を指します[20]。

この血糖値ですが，私たちのからだにとって糖は最も利用しやすい物質（栄養素）なので，いつもある程度の量が血液中にあり，血液によって体内を循環しています。その量は，通常（空腹時）80 mg/dL[21]前後ぐ

[20]皆さんが栄養学を勉強するときは，血糖値について厳密に理解しなければなりませんが，今は化学の理解を優先するためざっくりと捉えてください

[21]ミリグラム（mg）は質量の単位です。ミリ（mill-）は，1,000分の１という意味なので，グラム（g）の1,000分の１の単位です。つまり，1 g＝1,000 mgの関係になります。また，デシリットル（dL）は容積の単位です。デシ（deci-）は，10分の１を意味し，リットル（L）の10分の１の単位です。つまり，1 L＝10 dLの関係になります

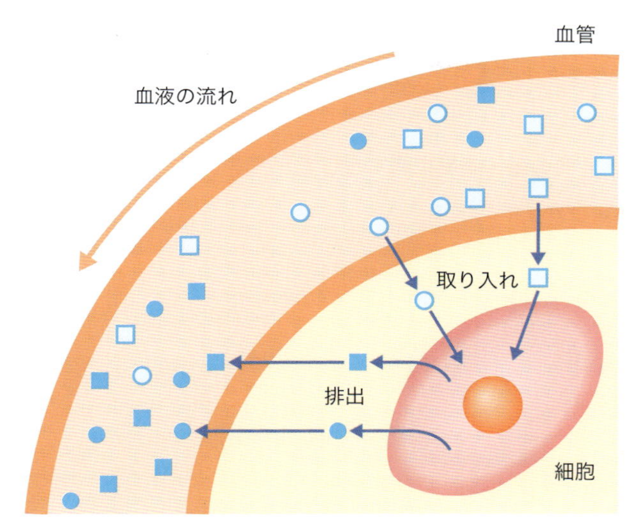

図25 血液中の濃度と細胞への受け渡し
血液中の□や○が減少していたら，それらを細胞が取り入れていると判断し，逆に血液中の■や●が増加していたら，それは細胞から排泄されていると判断します

らいです。しかし，血糖値は，私たちの1日の生活のなかで，変動します。例えば，食事をとったあとは120～150 mg/dLまで上昇しますが，1時間くらい経過すると下がりはじめ2時間後には通常の値に下がります（図26）。血糖値の検査ではこれを基準として，どれくらいこのとおりに血糖値が変化するかを確認し，その人がからだのなかで糖をうまく利用できているかどうかを判断します。

先ほどの“からだマンション”を思い出してもらうと，住民が糖を利用したければ，どんどん廊下の糖は部屋のなかに取り込まれて，その結果，廊下の糖は減っていきます。ところが住民が糖を利用したくなかったり，あるいは利用したいけれどできない状況であったりすると，廊下の糖はおかれたままです（図27）。すなわち，食事後2時間経過しても血糖値は通常の値まで下がってこないことが起こります。つまり，その人はうまく糖が利用できないということになり，食事で摂取する糖の量を注意しないといけない可能性があると判断するのです。そのほかの栄養素に関しても，同じように通常の血液中の濃度と比較することで判断することができます。

3）濃度は排泄にも関係する

また，血液中の濃度は栄養素の利用に関してだけではなく，老廃物がうまく体内から排泄されているかどうかの判断にも使えます。通常は体外に排泄される物質のため，血液中には高い濃度で存在しないはずのものが，血液中で高濃度になると，うまく体外に排泄されていないと判断できます[22]。

どうでしょう，物質の量・濃度に関する知識が重要であることがわかってもらえたでしょうか？

[22]これらの詳細は，栄養学の勉強をスタートさせた後，いろいろな教科でしっかりと勉強してください

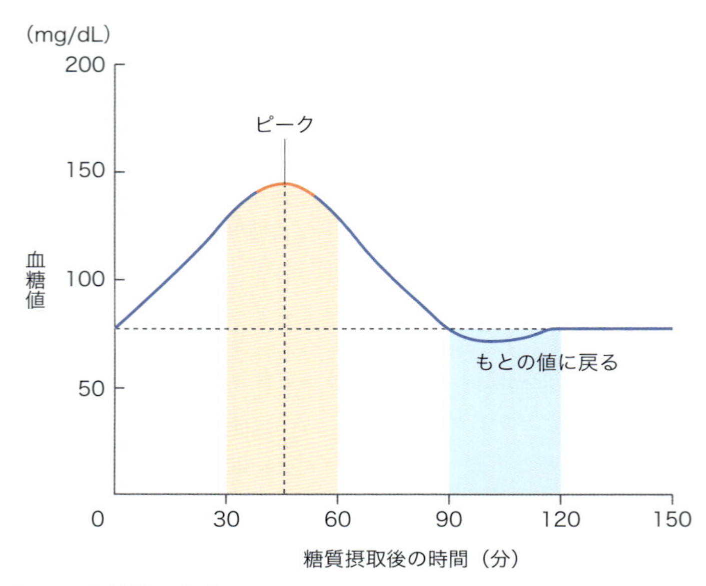

図26　血糖値の変動

「基礎栄養学 第3版」（田地陽一／編），p74 図9，羊土社，2016より引用

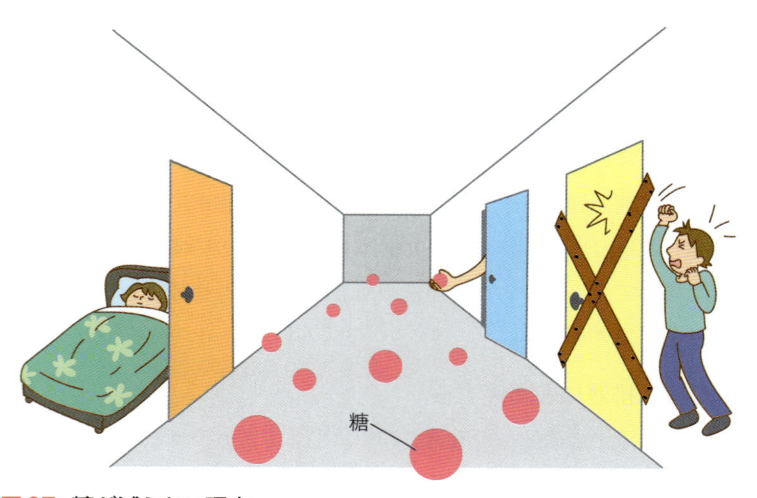

図27　糖が減らない理由

B. 食物（食品）のなかの濃度

濃度の知識は，からだのなかの様子を知るためだけに役立つのではありません。何度も説明しますが，“栄養”というものは，私たちの日常生活では“食物を食べる”ということで行われています。この見方を変えると，食物を食べて，その食べた食物中の成分をうまく利用できないと，食べることの目的を果たせず食べた意味がないということになります。食べることの目的を果たすためには，いくつかの条件があります。1つは，食べようとする食物に，食べる人が必要とする物質がきちんと含まれていること。もう1つは，食べる人が食物に含まれる物質を利用できる能力をきちんともっていること。そしてさらには，食べる人が気持ちよく食物を食べること。これらが満たされていると，“食物を食べる”ことの目的が果たせます（図28）。

最初の2つのことについては，皆さん何となくわかると思います。では，最後の“気持ちよく食べる”とはどういうことなのでしょうか？

1）気持ちよく食べることがなぜ必要か

私たちが食物を食べるときの様子を思い浮かべてください。いつも同じ気持ちで食物を食べていますか？ 多分，そうではないと思います。例えば，食べたくて食べたくて，しかたがないという気持ちで食べるときもあれば，あまり食べたくないけれど食べないといけないのでしかたなく食べるというときもあるでしょう。じつは私たちは同じものを食べて

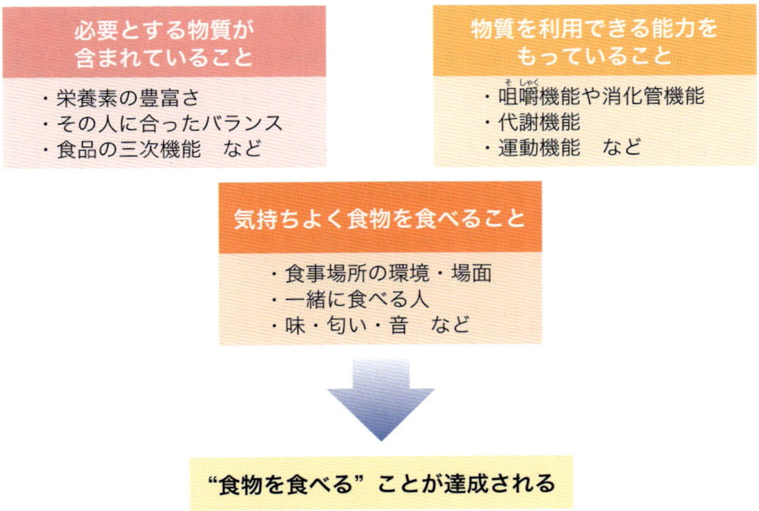

必要とする物質が含まれていること
・栄養素の豊富さ
・その人に合ったバランス
・食品の三次機能　など

物質を利用できる能力をもっていること
・咀嚼（そしゃく）機能や消化管機能
・代謝機能
・運動機能　など

気持ちよく食物を食べること
・食事場所の環境・場面
・一緒に食べる人
・味・匂い・音　など

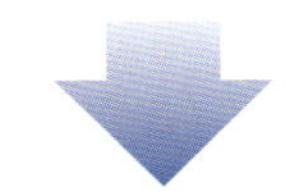

“食物を食べる”ことが達成される

図28 “食べる”を達成するための3要素

いても，その食物を食べたときの気持ちの違いによって，食物中の成分のからだのなかでの利用のしかたが変化します。前者のように食べたいと思って食べたときは，食物中の成分をからだのなかでよく利用できますが，後者のように食べたくないと思って無理やり食べたときは，食物中の成分をからだのなかでうまく利用できません。

そのため，皆さんの将来の役割の１つに，人が食物を食べるときに，いつも気持ちのよい状態で食べてもらえるようにするということがあります。そのときに重要となるのが，人が“食べよう”と思えるようにすることや，食べた後に“美味しかった”と思えるようにすることです。そのために行う工夫のなかに，じつは，ここで話をしている濃度の知識が必要です。「え～っ！」と思うでしょうけれど，必要です。一緒に考えてみましょう。

2）気持ちよく食べるための工夫

人が食物を食べるときに気持ちよく食べてもらう工夫には，食べる部屋の明かりの明るさや聞こえてくる音などの食べる環境に関すること，また，実際に食べる食物の色合いや香りなどに関することがあります。そのなかで，一番影響することが食物の味です。すなわち，美味しい食物（食事）を食べてもらうということです。

これは美味しければ何でもよいということではありません。皆さんは栄養学の専門家として，いつも同じくらい美味しい食事を提供しなければいけません。この“いつも同じくらい”のところで濃度の知識が必要です。

例えば，美味しいすまし汁は，塩分が0.6～0.8％ということは，少し料理に興味のある人であればこれまでに聞いたことがあると思います。つまり美味しいすまし汁をつくるためには調理の際に塩分の濃度を0.6％にすればいいということです。「何だ，簡単！」と，つい声が出てしまったという感じでしょうか。もちろん，この章のなかでしっかり知識を確認した皆さんは，そう思って当然です。ですが，これからちょっと一捻りあるのです。

多分，皆さんが思ったように，すまし汁の塩味をつけるのに食塩だけを使うのであれば，非常に簡単です。しかし，調味で塩味をつけるものは，塩だけに限りません。塩のほかにも，醤油や味噌もあります。すまし汁の場合は，薄口醤油と塩を使って0.6％をつくります（図29）。これを聞くと，「えっ…」と声を詰まらせた人がいるのではないでしょうか。せっかくここまで濃度について勉強してきたので，少し計算してみ

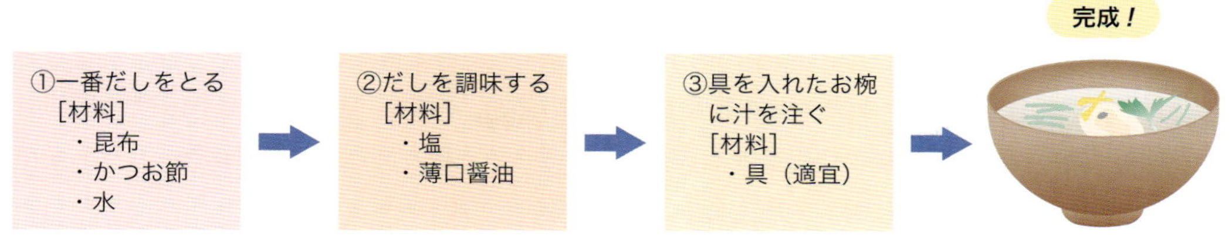

図29　すまし汁のつくり方

ましょう。

3）すまし汁の塩分について考えてみる

すまし汁400 gをつくるとします。だしの塩分は0.6％で，塩味を食塩と薄口醤油で塩分質量比2：1でつけるには，食塩と薄口醤油の使用量はいくらになるでしょうか？ このようなとき，どのように考えていけばいいのでしょうか？

まずは，だしの0.6％の塩分に必要な塩（溶質）の量を求めます[23]。

溶質の質量をx gとして，わかっている数値を，質量パーセント濃度の式に当てはめていきます。その式は，

$$\text{質量パーセント濃度（\%）} = \frac{\text{溶質の質量（g）}}{\text{溶液の質量（g）}} \times 100$$

$$0.6\ (\%) = \frac{x\ (\text{g})}{400\ (\text{g})} \times 100$$

で，計算すると$x = 2.4$となり，とりあえず，2.4 gの塩分が最終的なすまし汁のなかに入っていればよいということがわかります。

次に，塩分を食塩と薄口醤油で2：1の割合でつけることについて考えます。そもそもなぜ食塩だけで塩分をつけてはいけないのでしょうか？ 食塩だけで塩味をつけた場合，塩味は感じるものの味気なく美味しいとは感じません。美味しさを感じられるようにするためには，塩味以外の風味が必要になってきます。そこで役立つのが薄口醤油です。食塩はほぼ塩化ナトリウムでできていますが，薄口醤油には塩化ナトリウムのほかにアミノ酸などの旨味を感じさせる物質が含まれています。また，皆さんも知っているとおり，醤油は独特の色や香りをもっており，味に深みを与えます。だから食塩だけでなく，薄口醤油も加えたいのです。このことが，計算をややこしくさせるのですが，そのややこしさが美味しさを生みます。

[23]美味しいすまし汁をつくるためには，本当は塩分以外のこともいろいろと考えなければなりませんが，ここではまず塩分を0.6％にすることを優先します

では，実際に計算してみましょう。先ほどの計算で求めた2.4 gを質量比，食塩：薄口醤油＝2：1の割合で得たいのです。では，簡単と思われる食塩の使用量から求めます。すると，2.4 × 2/3 = 1.6となり，食塩の使用量は1.6 gです。そして，残りの0.8 gの塩化ナトリウムを薄口醤油で加えます。

しかし，ここで少し厄介なことが起こります。食塩の場合は，ほぼ100％塩化ナトリウムですから，食塩の量がそのまま塩化ナトリウムの量となりますが，薄口醤油の場合は違います。なぜなら，薄口醤油は溶液で塩化ナトリウム濃度は質量パーセント濃度16％だからです。このことを頭に入れて0.8 gの塩化ナトリウムを得るための薄口醤油の使用量を求めないといけません。すなわち，薄口醤油の使用量をx gとすると，x gの溶液の16％が塩化ナトリウムの0.8 gということです。このため，式は，

$$x\ (\mathrm{g}) \times \frac{16}{100} = 0.8\ (\mathrm{g})$$

$$x\ (\mathrm{g}) = 0.8\ (\mathrm{g}) \times \frac{100}{16} = 5\ (\mathrm{g})$$

となり，薄口醤油の使用量は5 gです（図30）。

皆さんも知っているように，薄口醤油は液体調味料ですから，計量スプーンで量ることが普通ですので，ついでですから容積への変換まで計算してみましょう。薄口醤油の密度は1.18 g/cm^3 = 1.18 g/mL ですから，薄口醤油5 gの容量は

$$5\ (\mathrm{g}) \div 1.18\ (\mathrm{g/mL}) \fallingdotseq 4.2\ \mathrm{mL}$$

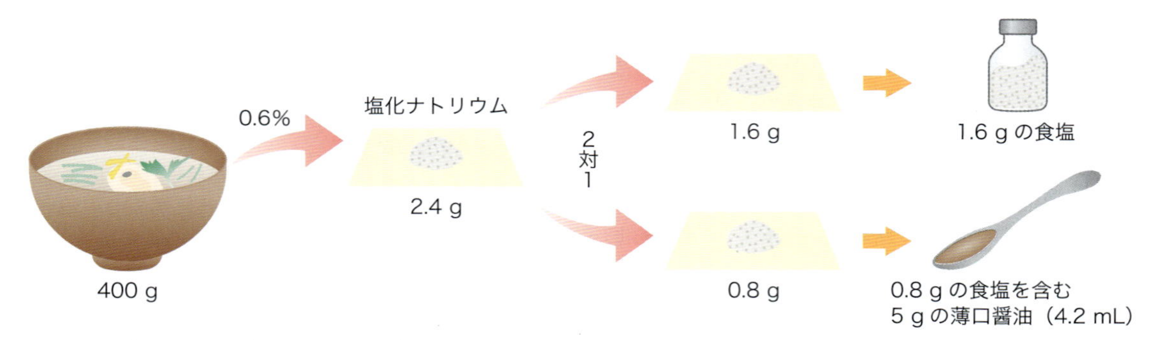

図30　食塩と薄口醤油の使用量の計算

となり，小さじ4/5杯（小さじ１杯弱）です。

4）濃度を制する者が味を制す

すまし汁のような汁物だけでなく，煮物や和え物などの味付けにおいても，いつも安定した美味しさをつくり出すためにはそれぞれの料理に適した味の濃度（割合）というものがあります。また，味付けだけでなく，美味しい食感（歯ごたえ，舌触りなど）をつくり上げるための割合というのもあります。例えば，私たちの主食であるご飯に，美味しいご飯を炊くための，水と米の割合があることがその代表例です。これから勉強する栄養学のなかで行う調理は，皆さんが今までにイメージしていた料理とは少し違って，このように考えながら行っていきます。

からだのなかのことにしろ，食物（食事）のことにしろ，なぜこんなに数値にこだわるのと思う人がいるかもしれませんが，“細かなことまでこだわる”ということが専門的ということでもあります。特に，皆さんの場合は，扱う数値には“人の命”がかかわっているので，数値とはしっかりと向き合わないといけません。何度もいいますが，濃度は，栄養学のなかでは切り離せないことです。皆さんのなかで，計算は少し苦手と思っている人は，この章の例をもとに計算の練習を行っておきましょう。

第4章
溶液のいろいろな性質

溶液の
沸点・凝固点の
特徴としくみを
理解しましょう

浸透圧とはなにか,
また, どのように
役立っているのかを
説明できるように
なりましょう

身近なコロイド粒子・
コロイド溶液について
考えてみましょう

1 溶液の性質の考え方

第３章で，溶液とは液体状態の物質にほかの物質が溶け込んで均一に混ざり合ったもののことであり，溶け込んでいく物質を**溶質**，物質を溶かしている液体物質を**溶媒**ということをお話ししました。このとき，溶質は固体でも液体でも気体でも構いませんが，**溶媒**は必ず**液体**です。そして，溶液の物理的な状態をつくっているのは溶媒の性質です。したがって，溶液に関することを考えるときに，第３章で確認した濃度の場合は溶質に注目しましたが，**溶液の性質**となると，今度は**溶媒**に注目します。これは重要な違いなので忘れないでいてください。

ではまず，溶液の沸点・凝固点について，これまでの章の復習を含めて考えてみましょう。

2 沸点上昇・凝固点降下

A. 固体・液体・気体と沸点・凝固点の復習

第２章でお話ししたように，物質の**物理的な状態**には，固体，液体，気体の状態があります。状態の変化は物質を構成している粒子のレベルでみると，その粒子の運動性の違いによって起こっています。つまり，ほとんど粒子が動いていない状態が固体，少し動きはじめると液体，そして，大きく動き出すと気体ということです（図１）。

このように状態の変化に重要なのは，粒子の運動であり，その運動のためのエネルギーです。そして，そのエネルギーにはいろいろ種類がありますが，その１つが熱でした。よって，物質に熱が加わる（温度が上

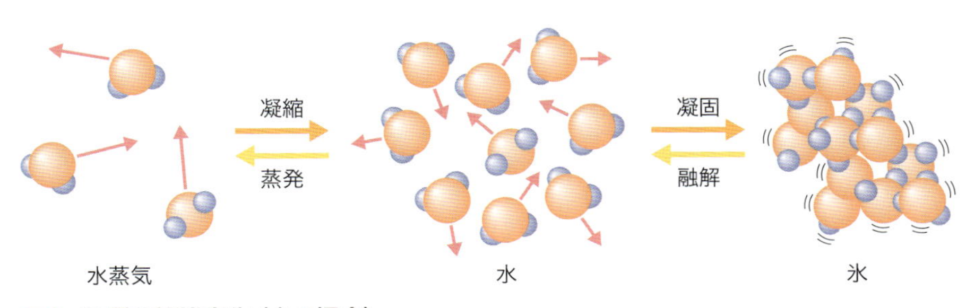

図１　物質の状態変化（水の場合）
「化学基礎」（竹内敬人，他／著），p34 図18，東京書籍，2013を参考に作成

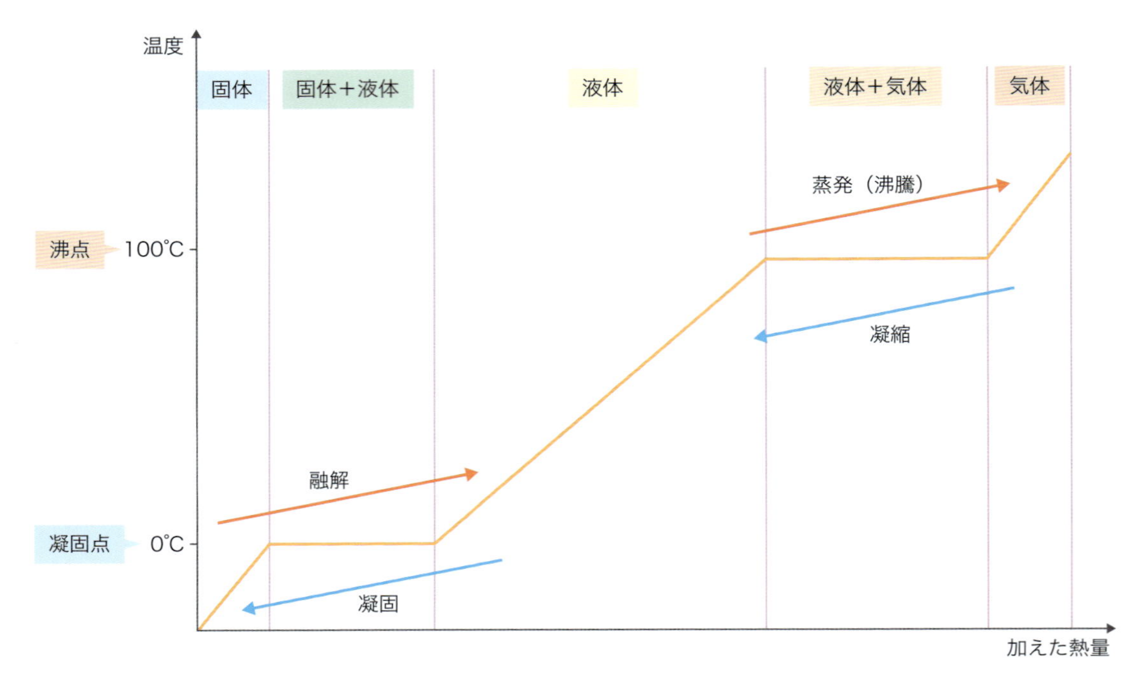

図2　**沸騰と凝固点（水の場合）**

昇する）につれて，物質は固体から液体，液体から気体に変化し，逆に，物質から熱が奪われる（温度が低下する）につれて，物質は気体から液体，液体から固体に変化しました。

溶液の性質を考えるためには溶媒に注目する必要があるので，状態の変化を液体を中心に考えてみると，物質を構成するすべての粒子が液体から固体へ変化する温度を**凝固点**といい，粒子が液体から気体に変化しはじめた温度を**沸点**といいます（図2）。第2章でお話ししたとおり，液体が純物質の場合は，その物質の性質としてそれぞれ固有の凝固点や沸点をもちます。ここまでが，第2章の復習です。では，この純物質の溶媒に溶質が溶け込んでくる場合，つまりほかの物質が混ざって混合物（溶液）になった場合にはどのような変化が起こるのでしょうか。

B. 溶液内での溶媒と溶質の関係

1）均一に混ざった状態を思い出す

第3章で説明したように溶媒に溶質が溶けた状態とは，溶媒粒子と溶質粒子が特異的な引力によって互いに引き寄せあって，均一に混ざった状態です（図3）[1]。これが溶液でした。そして，この状態は周りの環境が変わらない限りいつまでも続きます。すなわち，安定した状態を保つということです。

❶溶媒を構成する粒子が電気的な偏りをもっていれば，同じく電気的な偏りをもつ溶質を溶かすことができます。反対に，溶媒を構成する粒子が電気的な偏りをもっていない場合は，電気的な偏りをもたない溶質を溶かすことができます

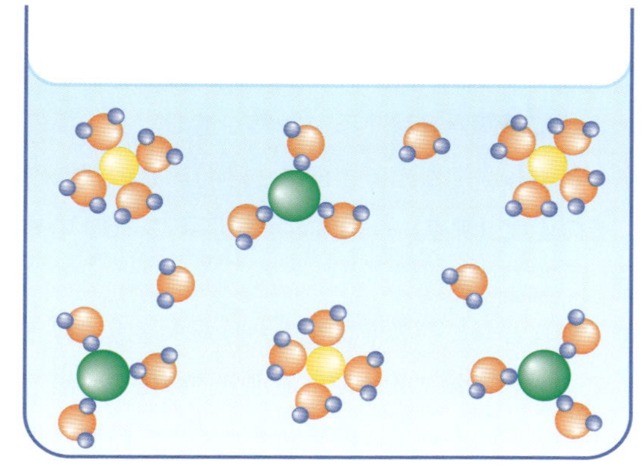

図3　塩化ナトリウム水溶液を例にした溶液の様子

一見すると，この状態は，溶媒と溶質が互いに馴染んで，安心できる状態のように思えます。確かに，溶液がずっと同じ環境（条件）下におかれ，溶媒がなにも変化を必要としないときには，支障がなくていいかもしれません。しかし，溶液のおかれている環境が変化して，それに対応して溶媒が物理的な状態を変化させたいときには，溶質の存在がちょっと厄介になります。

2）馴染んでいることが足かせになるときも…

「第１章2.水の性質」でも，似たような例をあげたと思いますが，皆さんと皆さんの友人との関係をイメージしてみてください。例えば，皆さんのしたいことと友人のしたいことが同じであるときは，友人がいたときの方が一人だけでなにかをやるときよりも楽しさも倍増で，友人の存在がありがたいですが，皆さんは出かけたいのに友人は家でゆっくりしたいというように意見が違ったときは，事情が変わりますよね。このようなとき，互いの意見を曲げなければ喧嘩になりますが，どちらか一方が譲るとそれはそれで乗り気にはなれないということが起こるため，友人の存在がうっとうしく足かせになってしまいます。

これと同じような関係が，溶液のなかの溶媒と溶質の関係にも起こります[2]。そして，溶媒が溶質とは別行動をしたくなったときに，溶液の新たな性質が現れてきます。それでは，溶媒が水である“水溶液”を例に，溶液の性質を化学的な目でみていくことにしましょう。

[2] ここでは皆さんが溶媒，友人が溶質ということです

3）溶質が足かせになる場面の具体例

鍋に入った液体の水を思い浮かべてください。これをコンロの火で温めていくと，どのようなことが起こってくるかは，第２章ですでに確認

済みですが，念のためくり返します。火をつけてすぐは，あまり大きな変化はみえませんが，いくらか時間が経過してくると，熱源に近いところから気泡が出てきて，さらに時間が経過する（加熱が進む）と，鍋のなかの水全体からボコボコと激しい泡が出てきます（図4）。この状態が沸騰とよばれるもので，その温度（**沸点**）は通常の大気圧下で100℃でした。

同じことを，水に塩や砂糖などなにかの溶質を溶かした水溶液で行うとどうなるでしょうか？ この場合，鍋に入っている水分子の様子が水だけのときとは違います。水溶液のなかには，溶質粒子がくっついていない普通の水分子と，溶質粒子とくっついた水分子，すなわち足かせのついた水分子が混在しています（図5）。そして，これを火にかけて温めて

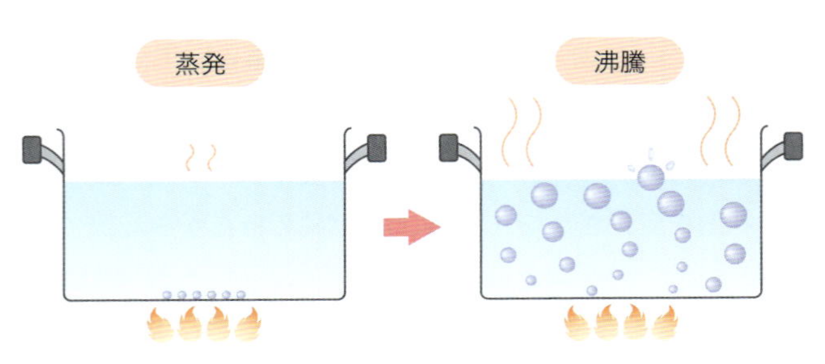

図4 沸騰の様子

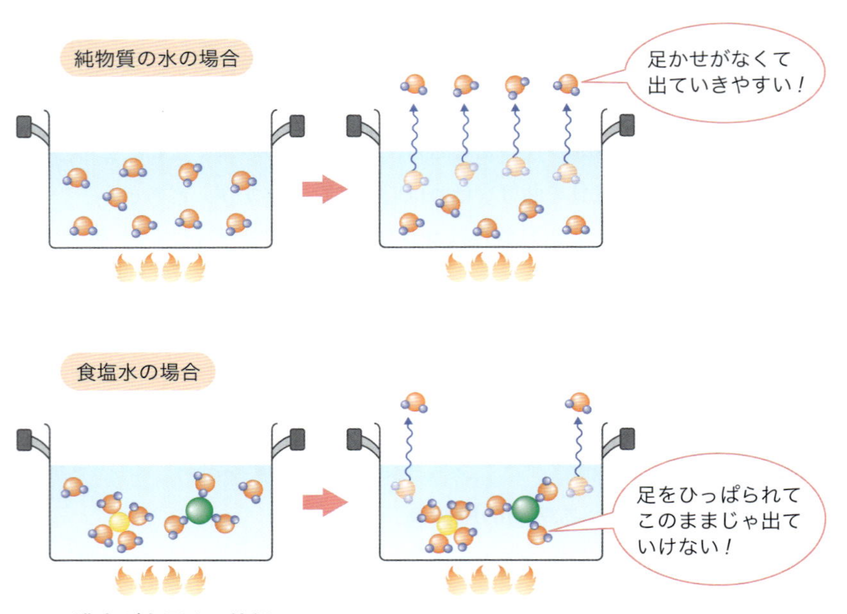

図5 沸点が上昇する仕組み

いくと，普通の水分子は，これまで皆さんと確認したような順序で，運動に十分なエネルギーを得たら，液体から気体へ変化していきます。一方，溶質という足かせのついた水分子は，変化としては普通の水のように液体から気体へと状態が変化しますが，その際に，まずは溶質とのコンビ解消を行わないといけないため，その分のエネルギーをさらに要求することになります。このため，水だけのときよりも，水溶液の場合は最終的に多くのエネルギー（熱）を与えないと沸騰状態にならないということです。つまり，**水溶液**は水だけのときに比べて，**沸点が上昇**するということです。そして，気づいた人も多いと思いますが，沸点上昇の度合いは，溶質という足かせをつけた溶媒粒子が多くなればなるほど大きくなります。

C. 沸騰では一体なにが起こっているか？

ここでは少し発展的な話をしたいと思います。皆さんのなかで「少し余裕があるから，ちょっと深入りしてみようかな」と思っている人が読んでください[3]。今，話題にした沸騰ということを別方向からみてみましょう。

③余裕がない人は「本項D.固体になるときの溶質と溶媒の関係」から改めて読み進めてください

1）水と空気の境界線に着目する

物質が液体状態にあるときは物質自身で形状を保つことが難しいため，通常はなにか容器に入れます。その一方，コップの水をテーブルの上にこぼしたときのように，液体だけでもある程度形を保つことはできます。どちらにしても，その液体と空間との境界ができます。

その境界部分は，室温くらいの割と低い温度帯でははっきりとしており，温度を変化させなければその状態が長く続きますが，開放系の空間であればゆっくりと液体の量は減少していきます（図6）[4]。しかし，温度が上昇していくと，空間との境界ははっきりしなくなります。これはどうしてでしょうか。

④理由は第2章で確認済みです。「あれ？ どうして減るの？」と思った人は改めて確認してみてください

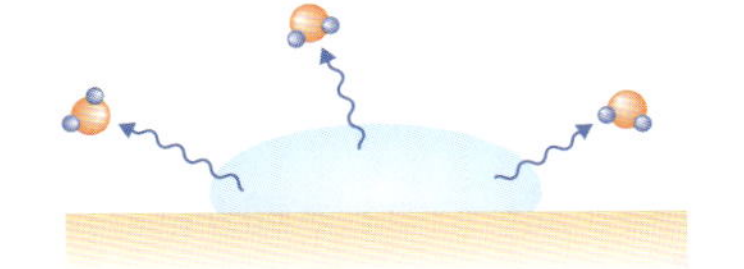

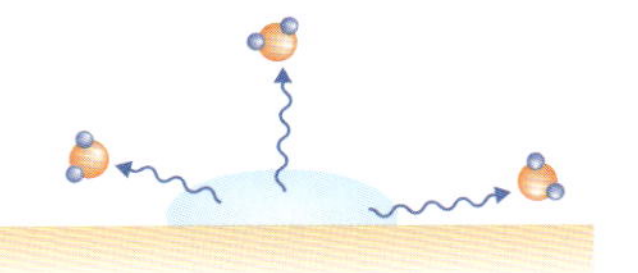

図6 開放された空間での水の蒸発

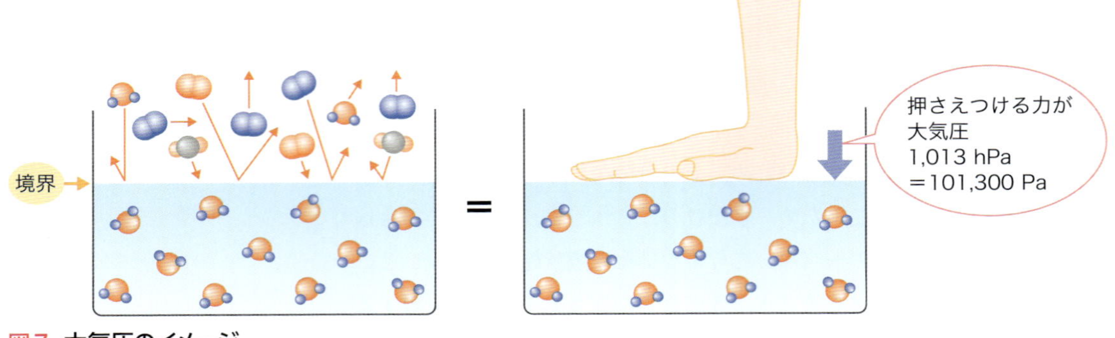

図7　大気圧のイメージ

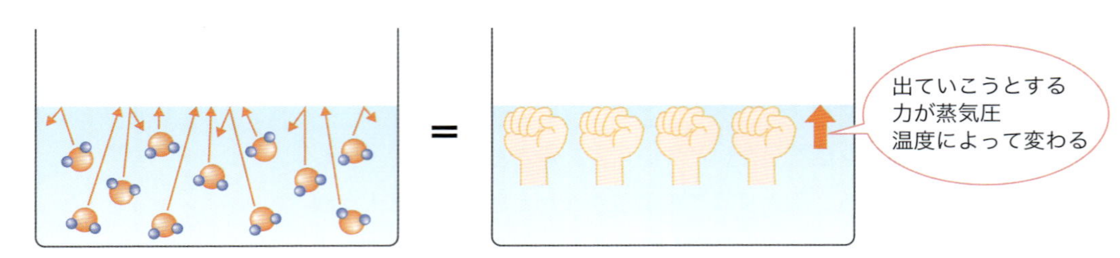

図8　蒸気圧のイメージ

2）水は常に空気に押されている

通常，液体と境界をはさんで反対側にあるのは空気です。空気も詳しくみていくと，いろいろな物質の粒子が存在し，しかも気体ですから，元気よく飛び回っています。したがって，その粒子らは，当然，液体との境界にもぶつかってきます（図7）。その力が**大気圧**で，その力は私たちが日常生活を送っている環境では，**1 気圧（1 atm）＝1,013 hPa＝101,300 Pa** です。したがって，液体は境界を介して反対側から，**大気圧**という力でギュッと押されている状態です。

3）水が境界を破る力

一方，物質が液体状態であるとき，構成する粒子は運動しているため，常に境界にぶつかっています。このぶつかったときに生じる力（圧力）を**蒸気圧**とよびます（図8）。この蒸気圧は，物質を構成する粒子の動きがさかんになる（液体に熱が加わる）ほど，大きくなります。そして，この場合ではそのときの大気圧以上の蒸気圧になると，**沸騰状態**に到達します（図9）。実際，鍋に水を入れて加熱しているとき，水面に変化があらわれないのは大気圧に比べて蒸気圧が小さく，水分子が外に出ていく力が弱いことを示しています。また，加熱が進むにつれ水面が揺れはじめ，沸騰しているときには水面が乱れて境界がはっきりしなくなるこ

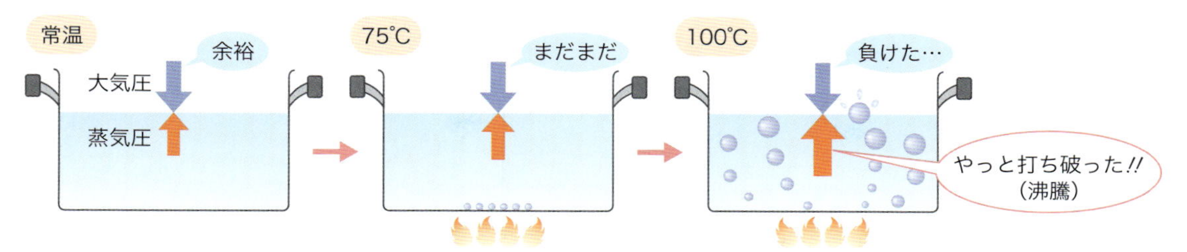

図9　大気圧と蒸気圧の攻防

とは，大気圧に比べて蒸気圧が大きくなり，水分子がどんどんと外に飛び出していることを示しています。つまり，水の場合は日常生活の条件下では，100℃で大気圧以上の蒸気圧になるということです。第２章の沸点の説明では消化不良気味の人がいたかもしれませんが，大気圧が低いところ（山頂など）では，水が100℃以下で沸騰する謎も，これでスッキリ解けたのではないでしょうか。

4）目にみえる蒸気圧

蒸気圧の感覚は，鍋に水を入れ蓋をして加熱したときを想像してもらうと，わかりやすいと思います。水の温度が低いときは，蓋の重さ（重り）の方が蒸気圧より大きいので，蓋は動きませんが，中の水が沸騰しはじめると蓋も動きはじめます。鍋の蓋が動くことは，鍋の内側から蓋を押し上げる力（蒸気圧）が蓋を上から下へ押し付ける力（大気圧と蓋の重さ）と同じか，それ以上になっていることを示しています。なお，実際は液面と蓋の間に空間があるのが普通ですから，押し上げる力には蒸気圧に＋αの力が加わっていますが，今は理解してもらうことを優先するので，細かなことは目をつぶります[5]。

[5] ＋αの力を簡単に紹介すると，鍋の液面と蓋の空間は，空気で満たされているため，空気を構成している物質の粒子も加熱によって動きが活発になり，溶媒粒子と一緒に蓋を押すことになります

5）溶液の場合，蒸気圧はどうなるか

以上のことが，水のような純物質の液体ではなく溶液になるとどのようになるのでしょうか？ 多分，これまで学んできたことが皆さんのなかである程度整理できていれば，どのようなことが起きるかが想像できると思いますが，念には念を入れて確認します。具体的に水溶液と水を比較しながら，考えてみましょう。

水溶液は水に比べて沸点が高いということを説明したときに，水溶液のなかには溶質という足かせがついた水分子が含まれていることをお話ししました。沸点の説明のときは，足かせがついていると気体になるためにより多くのエネルギーが必要になるとお話ししましたが，足かせは水分子の動き回るスピードにもかかわってきます。当然，足かせがある

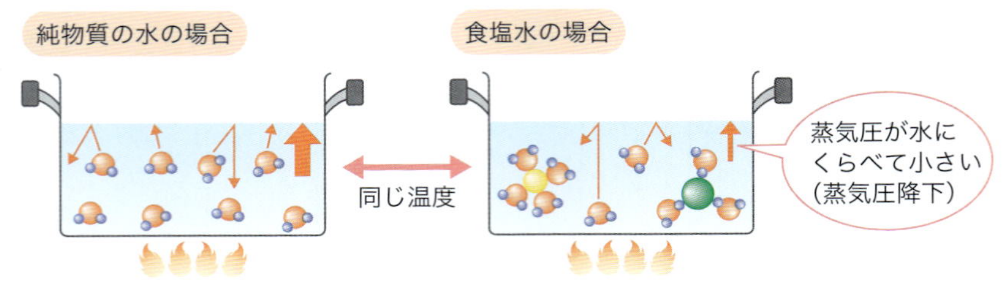

図10　蒸気圧降下のイメージ

方が，スピードが遅くなるため，粒子が境界部分にぶつかる頻度が少なくなります。よって，空気との境界を押す力はいつも，水溶液の方が水だけよりも小さくなります。すなわち，**溶液**は溶媒だけのときに比べて，**蒸気圧が低下（降下）**します（図10）。そして，蒸気圧降下の度合いは，溶質の量が多ければ大きくなります。

言い換えると，溶媒だけのときと同じ蒸気圧になるためには，より多くのエネルギーが必要となり，先ほどの沸点上昇が起こるということにつながります。

D. 固体になるときの溶質と溶媒の関係

ここまでは溶液の液体から気体への状態変化について考えてきましたが，液体から固体への状態変化についても，どのような変化が起きるか考えてみることにしましょう。

液体から気体の場合は，物質を構成している粒子の運動が活発になる場面をイメージしていましたが，今回は液体から固体ですから，粒子がだんだんと動かなくなっていく場面をイメージしてください。ここでもいつもどおり水を例にして，水から氷に変化する場面を考えてみましょう。

氷は，運動するエネルギーが小さい水分子同士が電気的な引力によって規則正しく並んでいる状態でした（図11）。水の場合，0℃で氷になることは，皆さんはすでに知っていると思いますが，水溶液が固体になるのは0℃ではありません。どのような変化が起きるのでしょうか？

耳にタコができるほどいいますが，水溶液のなかでは，ただの水分子と溶質という足かせが付いた水分子が混在しています。この水溶液の温度を下げていくと，水分子も足かせが付いた水分子もともに動きが悪くなっていきます。このとき，水分子の動きが悪くなるということは，そのほかの粒子も動くためのエネルギーが得られない（あるいは奪われる）ということなので，当然，足かせが付いた水分子は，足かせを外すことができません[6]。そのため，水分子だけなら引力がきちんと働いて氷に

[6]沸点のところでも説明しましたが，足かせをはずす（水分子と溶質の結合を切る）ためには，エネルギーが必要です

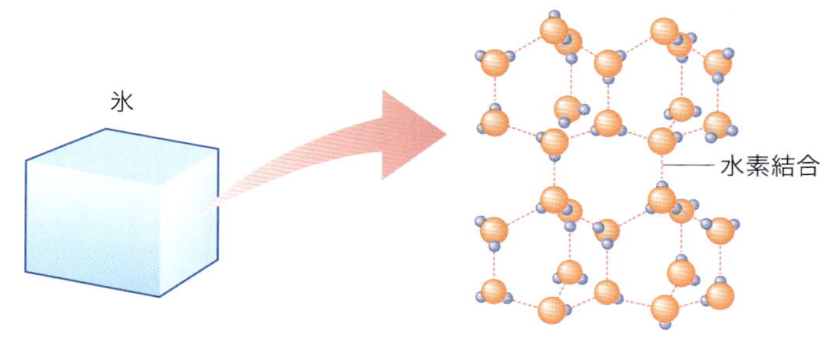

図11　氷の分子構造

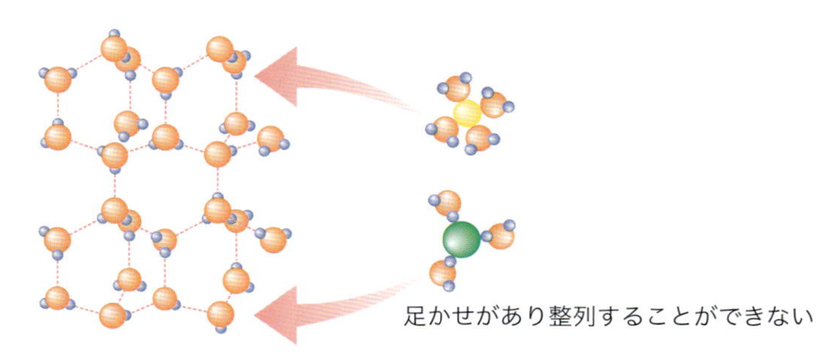

図12　食塩水が固まりにくい理由

なる温度に到達しても，足かせを付けたまま水分子が集まってくる[7]せいで，0℃では氷（固体）にならずに液体状態のままか，または十分に固まっていない状態になります（図12）。そのため，しっかりと固めたいなら，さらに粒子の動きを限りなく小さくするために，温度を下げ，エネルギーを奪わなければなりません。したがって，**溶液**になると溶媒だけのときに比べて固体になりにくくなり，**凝固点が降下**します。その凝固点降下の度合いは，これまでと同じように溶質の量が多くなると大きくなります。

[7] つまり，水分子同士規則正しく整列しようとしている間に，溶質の粒子が割り込むということです

　少し長くなったので，本項で説明したことをまとめておくと，溶液（混合物）になると，溶媒だけ（純物質）のときに比べて，沸騰（蒸発）しにくく，凝固もしにくくなるという変化が起こります。そして，これらの変化は，溶質濃度が増加すると大きくなります。

3 浸透・浸透圧

　前項では，溶液が液体から気体，液体から固体へと大きく物理的な状態変化を起こす際の溶媒の様子に注目しました。そのため，少し複雑な

内容であっても，私たちの日常生活のなかで目にすることができる現象だったため，比較的わかりやすかったと思います。一方，本項では，大きな物理的変化が生じない液体同士の関係について確認していきます。具体的にいうと，溶質濃度の違った溶液間での溶媒の様子に注目します。目にみえるような大きな変化でない分，わかりにくいところがあると思いますが，これまでに幾度となくいっているように，栄養学の中心となる私たちのからだは，溶液に満たされた世界であるので，ここで学ぶ知識は今後の役に立ちます。ぜひ皆さん，ものにしてください。

A. 分子が動くことによって生じる圧力

1つひとつ理解していくために，まずはここまでの復習を土台にさらに進んでいきましょう。物質が液体状態のとき，物質を構成する粒子は常に限られた範囲内を動き回っているということは以前確認しました。そして，その動く方向は決まっておらず，あらゆる方向に向かって動いています。そのため，液体が入れられている容器や前項で話題にした空気との境界に絶えずぶつかっています。したがって，その粒子がぶつかる力（圧力）はどこであっても同じ大きさです（図13）。ただ，容器の場合は空気との境界のように弱いものではないので，このような圧力では通常壊れません。粒子は容器のなかでずっと動き回っています。このことを頭の片隅において，先へ進みます。

B. 濃度の異なる水溶液の圧力

ここからは，説明をよりわかりやすくするために，“溶媒”や“溶液”などの一般的な言葉ではなく，水を溶媒とした水溶液について考えてみ

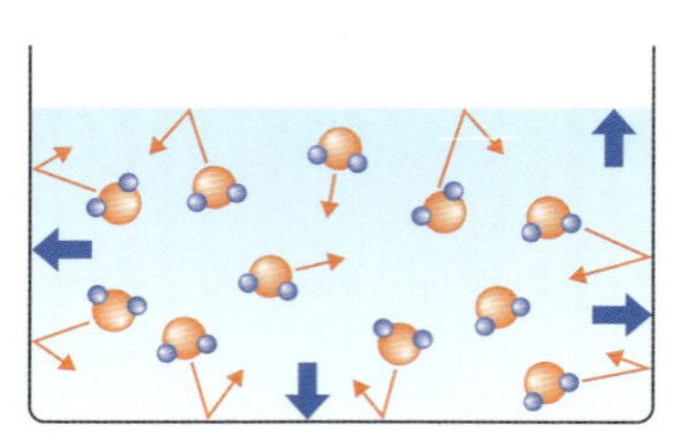

図13　分子がぶつかる圧力はすべて同じ

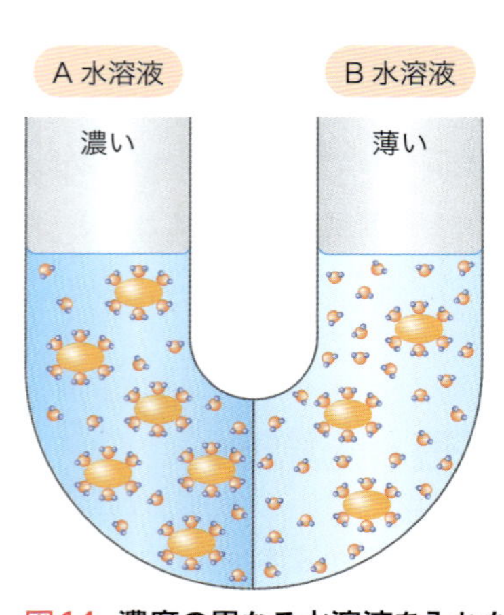

図14　濃度の異なる水溶液を入れたU字管

たいと思います。

本項では，最初にお話したとおり“溶質濃度の違った溶液間での溶媒の様子”を確認することが目標でした。そのため，まずは溶質濃度の違った２つの水溶液，Ａ水溶液とＢ水溶液を例に考えてみたいと思います。ちなみにこの２つの水溶液は同じ体積で，Ａ水溶液の方がＢ水溶液よりも溶質濃度が高い[8]という設定です。それぞれが別々の容器に入っていたら，それぞれの水溶液を個別にみていることになり関係性が生じません。そのため，管の両端を折り曲げた，ちょっと変わった容器[9]を使い，片側からはＡ水溶液，もう片側からはＢ水溶液を入れ，２つの水溶液が互いに接触する場所に，管の直径にぴったりとはまる仕切りがある様子を思い浮かべてください（図14）。この容器に入れられた２つの水溶液では，どのようなことが起こるでしょうか？ まず，仕切り部分が管と同じ材質で，なおかつ管の中央に固定されていて動かない場合はどうでしょうか？ この場合は，ただ２つの水溶液を並べているだけで，別々の容器に入っているのと同じです。これでは関係性がみられません。では，仕切りが管と同じ材質でありつつ，管のなかを動くことができる仕組みだったらどうでしょうか？ この仕切りは動くのでしょうか？

Ａ，Ｂ水溶液中にはともに“単独の水分子”と“溶質とくっついた水分子”が存在します。その割合は，Ａ水溶液の方は，Ｂ水溶液より単独の水分子の数は少なく，溶質とくっついた水分子の数が多い状態で，逆に，Ｂ水溶液の方は，Ａ水溶液よりも単独の水分子の数が多く，溶質とくっついた水分子の数が少ない状態です。前項で溶液の沸点の説明をした際に“溶質とくっついた水分子は動きにくくなる”という話をしましたが，この知識を利用すると，単独の水分子の数が多いほど水溶液が周りの壁にかける圧力は高くなることが想像できるのではないでしょうか？[10] よって，今のような場面では，Ｂ水溶液の方がＡ水溶液よりも単独の水分子の数は多いので，Ｂ水溶液が入っている容器の壁の方が大きい圧力がかかっていることになります。もちろん，Ａ，Ｂ両水溶液に接している仕切りにおいても同じで，Ｂ水溶液側からの力の方がＡ水溶液側からの力に比べて大きくなります（図15）。つまり，仕切りに対してはＡ水溶液側に押す力が働いているため，もし仕切りが動く仕組みであれば仕切りはＢ水溶液側からＡ水溶液側へ移動することが想像できます。

では，この両水溶液を仕切っている仕切りが動かないもので，なおかつ単独の水分子だけが通過でき，溶質とくっついた水分子は通過できない仕組みの仕切りであったら，どのようなことが起こるでしょうか？ わかりますか？ 一緒に考えてみましょう。

[8] Ａ水溶液の方がＢ水溶液より溶質量が多いともいえます。日常会話の表現でいうと“Ａ水溶液の方が濃い”ということです

[9] これをＵ字管とよびます

[10] 単独で活発に動ける水分子が多ければ多いほど，壁や空気との境界にぶつかる水分子の数は増えます。つまり，圧力が高くなるということです

C. 半透膜の性質と浸透

仕切りが変わっても，両水溶液中で単独の水分子と溶質がくっついた水分子の両方があらゆる方向へ動き回っていることに変わりはありません。これまでどおり，仕切りにもぶつかります。しかし，仕切りにぶつかった場合，溶質とくっついた水分子は，これまでの仕切りのときと同じように，ぶつかっても動く方向が変わるだけですが，単独の水分子は，仕切りにちょうどよい穴が開いているので，ぶつかることなしに，そのまま仕切りを通過していきます。このように，物質の粒子の大きさによって通過できるかどうかが決まる仕切りのことを**半透膜**といいます（図16）。

この現象は，どちらかの水溶液側だけで起こるのではなく両方で起こります。ただし，水分子が通過する頻度が違います。なぜなら，もともとB水溶液の方が溶質濃度が低いため，単独の水分子の数がA水溶液よりも多いので，今のような現象がA水溶液側よりもB水溶液側でさかんに起きます。したがって，見ため上は，B水溶液の量がだんだん減って

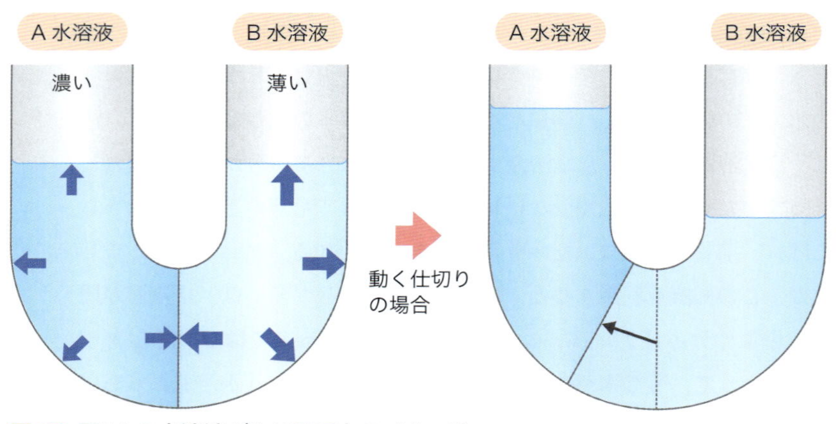

図15　図14の水溶液がかける圧力のイメージ

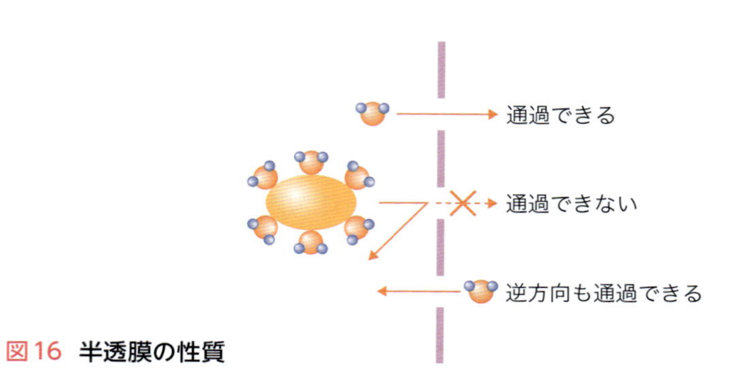

図16　半透膜の性質

いき，それとは反対にA水溶液の量がだんだんと増えて，ある程度時間が経過すると，B水溶液量の減少もA水溶液量の増加も止まり，その後その状態を保ち続ける様子をみることができます（図17）。これは，水分子がB水溶液側からA水溶液側へ移動した結果です。そして，水分子の移動する量は，それぞれの水溶液中に存在する単独の水分子の数の差です。

「第2章5.栄養学のなかの“分子・物質の状態”」でも解説しましたが，物質がその密度が高い（量が多い）方から，密度の低い（量が少ない）方へ移動することを**浸透**といいます。そして，この**浸透を起こさない**ようにするために必要な力（圧力）を**浸透圧**といいます（図18）。すなわち，浸透圧とは互いの溶液が仕切りに対してかける**圧力の差**ということになります。

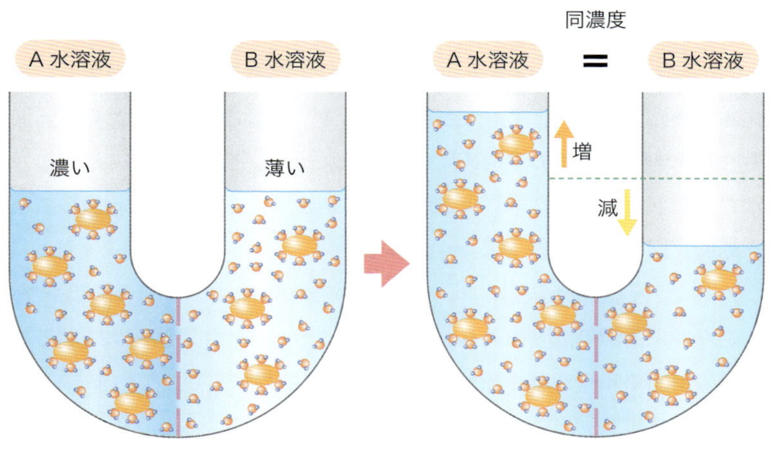

図17 浸透による水位と濃度の変化

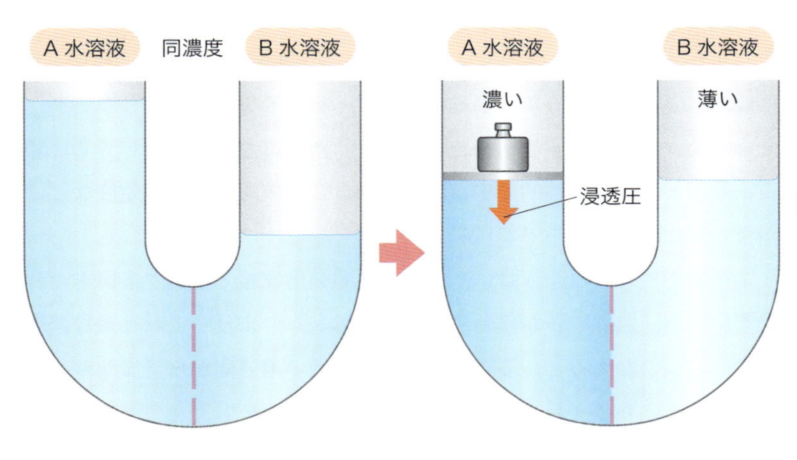

図18 浸透圧

A水溶液に外から圧力を加えると，浸透が起こらない（水分子が移動せず，体積が同じままで保たれている）状態にすることができます。このとき加える力の大きさは“B水溶液が仕切りを押す力からA水溶液が仕切りを押す力を引く”ことで求められ，これが浸透圧とよばれます

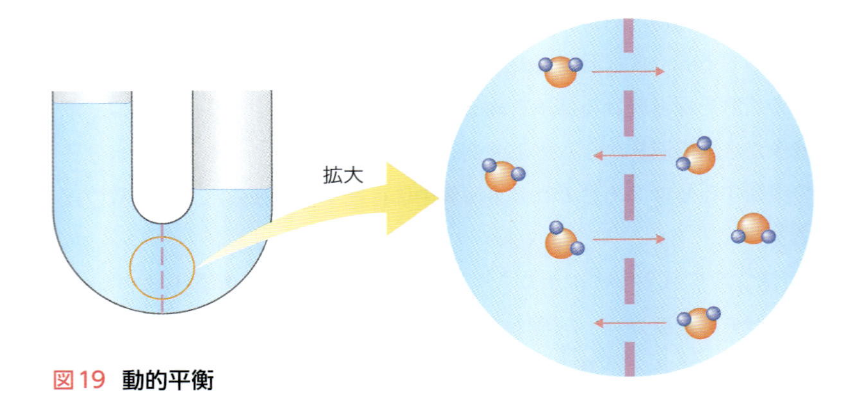

図19　**動的平衡**

それから，これも「第２章５」で説明したことではありますが，水の浸透は両側で起こっており，その浸透速度の差が私たちの目にみえる形であらわれます。最初はＢ水溶液からＡ水溶液への水の浸透速度がＡ水溶液からＢ水溶液の水の浸透速度よりも速いですが，その差は時間の経過に伴って小さくなり，やがて同じ浸透速度になります。その姿は，私たちの目には，Ｂ水溶液からＡ水溶液への水の浸透が止まったようにみえますが，実際は，Ｂ水溶液からＡ水溶液への水の浸透速度とＡ水溶液からＢ水溶液への水の浸透速度が同じになって，そのバランスはなにか別のことが起こらない限り保たれ続けています。このような状態のことを**動的平衡**とよびます（図19）。

これで，浸透や浸透圧についての知識の確認はおおよそ済みましたが，皆さんが栄養学の勉強をスタートさせるにあたって，浸透圧についての知識に追加で知っておくと，後で楽になることが少し残っていますので，続けていきます。

D. 濃度で考える浸透圧

これまで，浸透圧について考えるときには溶媒粒子のみに着目してきました[11]。これは，定義上では正しいことですが，実際には，溶液中で溶媒というのは背景みたいなものなので，あってないようなものです[12]。そのため，溶液に関する情報としては，私たちにとって確認しやすい溶質に着目するのが一般的です（例えば第３章で確認した溶質濃度などは溶質に着目した考え方です）。

浸透は溶質粒子とくっついていない単独の溶媒粒子の数が多い方から少ない方へ，溶媒粒子が移動することでした。つまり，これを溶質濃度を中心にいいかえると，浸透は溶質濃度の**低い溶液側から**溶質濃度の**高い溶液側へ**向かって起きるといえます。そして，そのときの溶質濃度と

⑪具体的にいうと，ここまでの解説では水に注目し，“単独の水分子”と“溶質とくっついた水分子”といったように，水分子の様子に注目していました

⑫私たちの日常生活でいうと，私たちと空気の関係のようなもので，空気の存在を普段は気にしないのと同じです

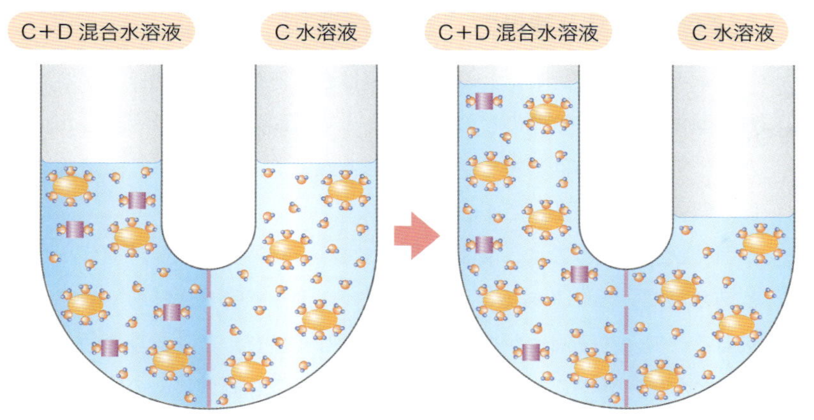

図20　混合液の浸透圧
物質Cの量はどちらも同じ（図では が4つ）ですが，C＋D混合水溶液の方は物質D（ ）が含まれているため，溶質の総数としてはC＋D混合水溶液の方が多いため，浸透圧が高くなります

は，１種類の溶質に限らずその溶液中に存在している**溶質すべて**，すなわち溶媒以外の粒子を種類関係なしに一緒にして総数で判断します（図20）。よって，浸透圧は浸透を止めようとする力でしたから，浸透圧は溶質粒子の濃度に比例することになり，溶質濃度が高い方は**“浸透圧が高い”**，溶質濃度が低い方は**“浸透圧が低い”**と表現されます。さらに，1 molの粒子が１Ｌの溶液中に存在するときに，生じる浸透圧を**１オスモル**といいます[13]。

浸透や浸透圧は，溶質濃度の違う溶液間で起こることのため比較対象が必要であり，比較基準の溶液に対して，浸透圧の同じ溶液を**等張液**，高い溶液を**高張液**[14]，低い溶液を**低張液**[15]といいます。

[13] オスモルはOsmと表記します

[14] 比較基準の溶液より溶質濃度の高い溶液のこと

[15] 比較基準の溶液より溶質濃度の低い溶液のこと

4　溶質の溶け方と溶解度

第３章と本章で溶液を扱ってきたにもかかわらず，基本の基本を説明していませんでした。それは，溶質の溶け方に関することです。皆さんのなかで，“溶質がイオン結合の場合の溶け方”や“溶質が共有結合の場合の溶け方”“溶質をたくさん溶かすための方法”ときいて「だいたい理解できている」と思う人は，この項目を飛ばしてもらっても構いません。不安な人は，一緒に確認しておきましょう。

A. 溶質の種類と溶け方

本章の冒頭で確認したとおり，溶媒は必ず液体状態の物質ですが，溶質は固体，液体，気体のどの状態であっても問題ありません。しかしながら，実際，液体はどちらかといえば溶媒になることが多く，溶質は固体か気体の場合が多いです。

固体状態というのは，物質を構成する粒子が特有の結合[16]でしっかりと結合していたり，あるいは強い引力[17]によって引き付けあっていたりすることで，粒子同士がきちんと規則正しく並び，粒子自身の動きがほとんどない状態のことをいいました。このような固体状態の物質が溶質となる場合，物質を構成する粒子同士の結合方式によって，それぞれ溶け方が異なります。

[16] 共有結合や金属結合など

[17] イオン結合のような電気的引力

B. 溶質がイオン結合で構成されている場合

ではまず，日常生活でよくみかける固体状態の溶質として食塩（塩化ナトリウム）について考えてみたいと思います。「第2章3. 分子とはなにか？」で説明したとおり，塩化ナトリウムは金属元素であるナトリウムと非金属元素である塩素によって構成されています。このような金属元素と非金属元素で構成されている物質は，構成する金属元素と非金属元素がそれぞれ電荷をもち，互いの**電気的な引力**（**クーロン力**）によって結合しています。これが**イオン結合**とよばれるものです。

このため，イオン結合で構成されている物質が溶解するときは，金属元素と非金属元素が互いに引き付けあう力[18]と，水のような溶媒の粒子が溶質を引き付ける力のどちらが強いかで，物質の溶けやすさが決まります[19]。なお，溶ける際はそれぞれの粒子はイオン粒子となって水と馴染みます（図21）。すなわち，塩化ナトリウムが溶解すると，ナトリウムイオン（Na^+）と塩化物イオン（Cl^-）の形で水溶液中に存在します。また，このように，溶解したときにイオンの形になる溶質を**電解質**とい

[18] 塩化ナトリウムの場合，ナトリウムと塩素の引き付け合う力

[19] この溶解の様子を例えるなら，友人と仲良くしていたところに，より積極的で活発な別の友人がやってきて遊びに誘われたことで，そちらについていってしまうようなイメージです

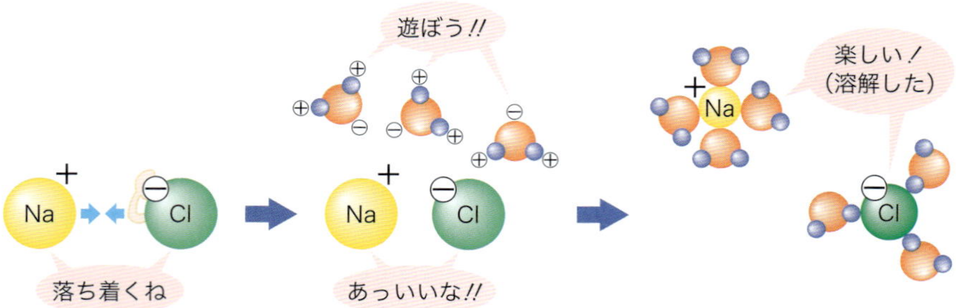

図21　イオン結合の物質（塩化ナトリウム）の溶解

います。

少し付け加えると水に溶けた際，塩化ナトリウムは，

$$NaCl \rightarrow Na^{+} + Cl^{-}$$

とイオン化するため，前項のように浸透や浸透圧について考えるときには，塩化ナトリウム 1 mol は，溶液中ではナトリウムイオン 1 mol と塩化物イオン 1 mol となって合計 2 mol の溶質の役割を果たすことになります。

C. 溶質が共有結合で構成されている場合

イオン結合でできた固体状態の物質に比べて，共有結合でできた固体状態の物質は強固な結合で成り立っているため非常に安定です。このため，まず溶解するということはありません。しかし，いくつかの例外があります。それは，**水素原子と共有結合**している場合です。共有結合によってつくり上げられている物質は，非金属元素同士の組合わせであり，元素の性質が似ています。しかし，非金属元素のなかでも，水素だけは周期表に示されている位置からもわかるように，少し変わっていました。非金属元素はどちらかというと**電子を引き寄せる力（電気陰性度）**が強い性質をもつことに対して，水素はあまり強くありませんでした。したがって，この組合わせで共有結合を形成すると，水素以外の非金属元素側はわずかにマイナスに帯電し，水素側はわずかにプラスに帯電するという，いわゆる**極性**が生じました。これまで溶媒として何度も取りあげてきた水はこのタイプで，そのほかに塩化水素（HCl）やアンモニア（NH_3）などがあげられます（図22）。

帯電したところをもつということは，ある意味不安定ということになるので，もともとの共有結合自体は強い結合であっても，水素を相手に結ばれた共有結合は弱いということになります。そのため，同じような性質をもった溶媒，つまり水が近づいて誘いかけると，水素は簡単に共

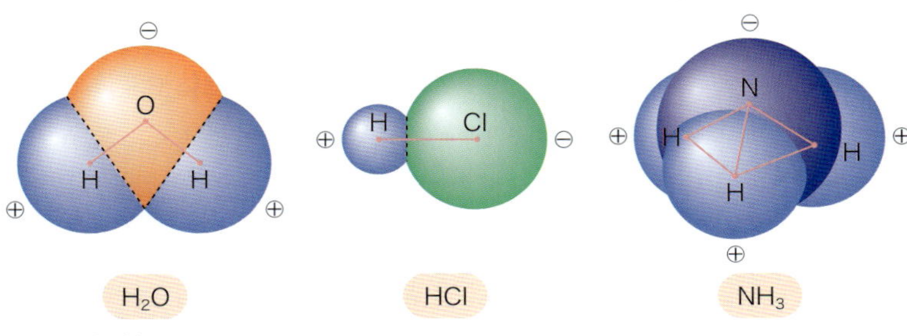

図22 **極性**

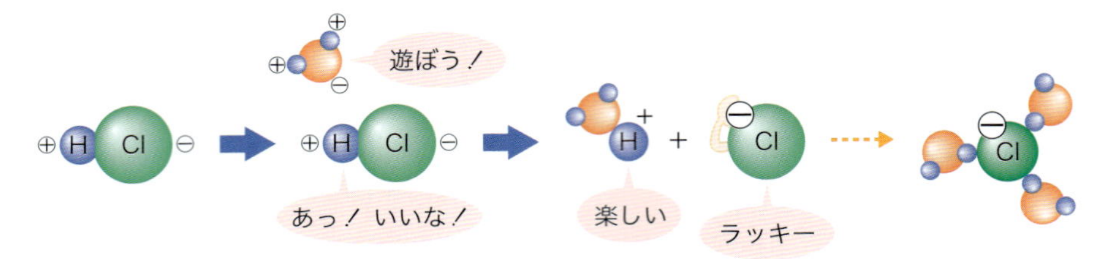

図 23 **極性分子の溶解**

有結合していた元素との結合を解消して，ついて行ってしまいます。そのとき水素原子はもっていた電子を結合していた元素に渡して，水素自身は**水素イオン**（H^+）になって離れ，電子を受けとった非金属元素側は**陰イオン化**，あるいは**マイナスに帯電**します。残された非金属元素側の構造が単純なものであった場合，先ほどの塩化ナトリウムと同じように，溶液中でイオン粒子の状態で存在します。例にあげた塩化水素やアンモニアはこのタイプで，塩化水素が水に溶解したときは，溶液中では水素イオン（H^+）と塩化物イオン（Cl^-）で存在します（図 23）。だから，塩化水素もアンモニアも共有結合でできた物質ですが**電解質**です。

同じ極性分子でも，エタノールや酢酸などは，塩化水素やアンモニアなどの極性分子に比べて分子の構造が複雑で大きいため，水が近づいてきても構造をあまり乱すことなく，自身の帯電している部分と水とで新たな引力（**水素結合**）を形成して溶解していきます[20]。

つまり，溶媒（特に水）への溶け方は，溶質自身がイオン結合で成り立っているか，それとも共有結合で成り立っているか，ということによって変わってきます。また，溶質の物理的状態が固体・液体・気体のいずれであるかということは，溶解のしかたにかかわらないということです。

[20] 例えば酢酸が水に溶けたとき，一部イオン化する分子もありますが，大部分はイオン化せずにそのままの形で水分子と水素結合を形成し，溶けます。酢酸のイオン化について詳しい話は，第5章でお話しします

D. たくさん溶かすためには？

では，溶解についての理解の締めくくりとして，溶媒と溶媒に溶解する溶質との量の関係について確認します。基本的に溶解が起こるためには，溶媒と溶質が出合わないといけないということは，これまでの話から想像できると思います。つまり，一般的に溶質粒子が溶媒粒子に出合う確率が上がると溶解も進むということです。**溶質が固体や液体の場合**は，溶媒と溶質それぞれの粒子の運動を活発にさせればよく，粒子がより運動できるようにエネルギーを与えればよいということになります。具体的にいうと，一般的に溶液の温度を上げると，同じ溶質量を溶かす場合はより短い時間で溶かすことができるようになり，溶質量を変える場合はより多くの溶質を溶かすことができるようになります。

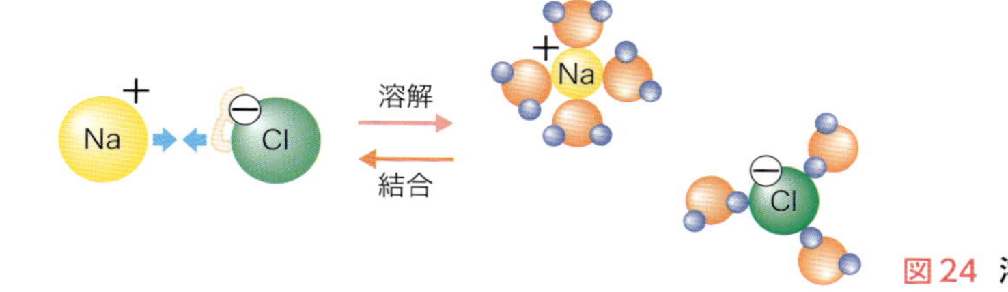

図24 溶解平衡

1）飽和溶液と溶解平衡

では，今度は温度を固定して考えてみましょう。ある一定の温度下で，溶媒の量を変えずに溶質の量を増やしていくと，特定の濃度になったところでもうそれ以上溶質が溶けなくなるときがきます。このときの溶液のことを**飽和溶液**といい，このときの濃度を**溶解度**とよびます。先ほどお話したとおり，温度を上げれば溶ける溶質の量は増えますので，溶解度は温度の上昇に合わせて増えます。

ここで1つ注意すべき点があります。溶解の場面においては，溶媒と溶質の粒子が互いに出合って溶解する現象と，溶媒粒子と溶質粒子が離れて互いに溶媒粒子同士あるいは溶質粒子同士になろうとする現象の両方が起こっています。つまり，飽和溶液になったということは，溶解する現象が止まったのではなく，溶解する現象の速さと溶媒と溶質がもとに戻ろうとする現象の速さが同じになったということです（図24）。この状態を溶解平衡といいます。

2）気体を溶解させる方法

ここまでは溶質が固体や液体のときの話でしたが，**気体**になると様子が違ってきます。気体は，物質を構成する粒子の運動がほかの状態に比べ最も活発で，通常，解放された空間ではとても広い範囲を動きまわります。そのため，固体や液体の溶質とは異なり，溶媒に出合わせるためには少し工夫が必要です。ではどうすればよいのでしょうか？ まずは，開放された空間を動き回っている粒子を集めなければなりません。その後，集めて容器に入れたとしても，溶媒に出合う確率は溶けるほどではないため，溶媒にもっと近付くよう強制的に圧力をかけギュッと集めます（図25A）。これだけでは，まだ，溶媒粒子との出合いの確率はそれほどまで上がってきません。さらに出合いの確率を上げるためには，粒子の動きを鎮めることが必要になります。つまり，粒子の運動に必要なエネルギーを奪うために，溶液の温度を下げるとよいということになります（図25B）。まとめると，溶質が気体の場合，その溶解度は，一定

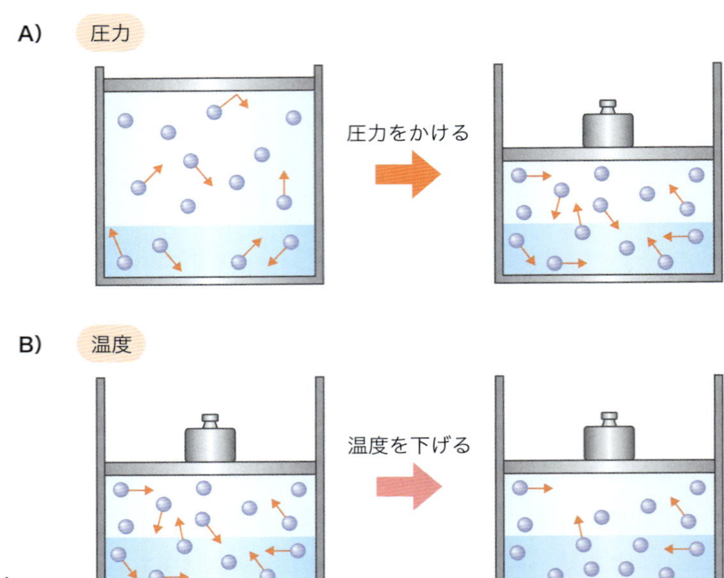

図25 気体を溶解させる工夫

圧力がかかっている条件下で，温度を下げると大きくなり，温度を上げると小さくなります。

5 コロイド溶液

前項のなかで少し出てきましたが，溶質がどのような元素構成であるかによって，溶媒への溶解のしかたや，できた溶液の性質に違いが出てきます。その一方でじつは，溶質粒子の大きさによっても，溶液の性質が違ってきます。ここでは，溶質粒子が大きい場合の溶液の様子を確認していくことにします。

A. コロイドのポイントは粒子の大きさ

前項では，粒子の大きなものとして，エタノールや酢酸をとりあげましたが，そのようなものはまだ小さい方で，ここではもっと大きなものを取り扱います。その粒子の大きさを具体的な数値で表現すると，粒子の直径が1～100 nm[21]程度となります。このように値でいわれても想像しにくいですが，ある高校用の化学の教科書によると，皆さんも理科実験で行った経験があるろ過に使うろ紙は通過するが，半透膜は通過で

[21] nmはナノメートルと読みます。n（ナノ）は10億分の1という意味なので，1 nmは10億分の1 m，つまり100万分の1 mmということです。ちなみにμ（マイクロ）は100万分の1という意味なので，1 μmは100万分の1 m，つまり1000分の1 mmということです

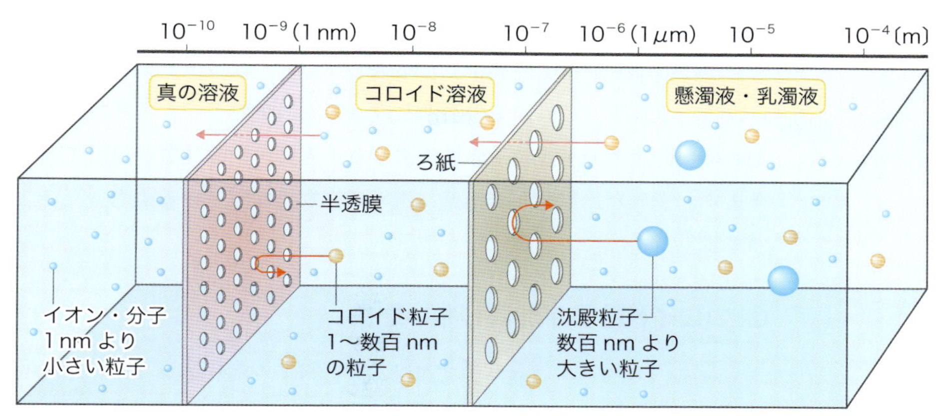

図26 コロイド粒子の大きさ
「化学」(竹内敬人，他/著)，p56図15，東京書籍，2013より引用

きない大きさだそうです(図26)。このような粒子を**コロイド粒子**といい，これが溶媒に均一に馴染んだ状態の溶液を**コロイド溶液**といいます。

コロイド溶液であっても考え方の基本は今まで確認してきた溶液と変わりませんが，実際はコロイドの場合，これまで溶解といっていた現象を“分散”といったり，溶媒を“分散媒”といったりする独特のよび名があります。しかし，本書では理解を優先させますので，この分野の専門家には怒られるかもしれませんが，これまでの溶液のときに使ってきた言葉を使いたいと思います。皆さんのなかで，そんな中途半端なのは気持ちが悪いという人は，高校の化学の教科書や参考書に戻って，きちんと整理してください。

B. コロイド溶液と光の関係

私たちが，なにかものを視覚的に捉えるときに重要なのは，光です。この光と溶液の関係を，これまでの溶液(水溶液)とここで登場したコロイド溶液で比較しながら，コロイド溶液の性質を確認していきます。まず，日常生活で昼間のような明るさがある条件下で，これまでの溶液とコロイド溶液をみると，これまでの話に出てきた溶液は溶質の粒子が小さいので，私たちの肉眼でみる限りでは光を通し透き通ってみえます。溶質に色が付いていなければ無色透明，青い色が付いていれば青い透明にみえます。一方，コロイド溶液は粒子が非常に大きいために，溶液中を光が通るのを邪魔してしまいます。そのため肉眼では透明感がなく濁ってみえ**半透明**あるいは**不透明**と表現される状態になります。

また，コロイド粒子は，もともと大きな粒子である場合だけでなく，いくつかの小さい粒子が集まった結果として大きな粒子となる場合があります。そして，これまでの溶液と違って，溶質粒子の大きさが大きいために，溶液中で溶媒粒子の性質よりも，溶質粒子の性質が前面に出てきます。先ほどお話しした溶液に透明感がなくなってくる点も，その1つです。

C. コロイド粒子が沈殿しない理由

ここで，「そんなに大きな粒子だったら，容器の底に沈むことはないのだろうか？」というようなことが頭に浮かびませんか？ そうですよね。大きくなったら，普通は重くなるので沈んでしまいそうです[22]。もし，コロイド粒子が，前項で出てきた塩化ナトリウムのようにプラスに帯電した粒子とマイナスに帯電した粒子が混在しているような状態であれば，粒子が大きい場合は沈殿することが考えられます。しかし，コロイド粒子の場合は，大きな粒子を形成する過程のなかでプラスに帯電したところやマイナスに帯電したところがあっても，粒子となったときには最終的にはどちらかの電荷に定まるので，同じ種類のコロイド粒子はすべて同じ電荷の粒子になります。そのため，粒子同士は互いに反発し合う状態で溶液中に存在します。裏返せば，沈殿したくてもできない状態となります（図27）。

[22]溶媒に溶けず，自身の重さで沈んでしまうものは，**沈殿**です。皆さんも高校の化学などでみた経験があると思います

また，溶液の温度を下げていくと，通常の溶液は溶媒だけのときに比べて凝固点が低下するものの，一定の温度で固体になりますが，コロイド溶液は同じように固まりつつも，もっと液体感を残したぷるんとした状態で固まります。なお，コロイド溶液の液状のときを**ゾル**といい，固まった状態のときを**ゲル**といいます（図28）。

コロイド粒子は，この項の最初で確認したとおり1～100 nm程度の大きさの粒子です。通常の溶質粒子では，溶液中にいろいろな溶質が混在している場合に，1つひとつに分離したいときは，複雑な分離操作を行わなければなりませんが，コロイド粒子の場合は，混在している溶液を**半透膜**の袋に入れて水などに浸すだけで，粒子の大きさの違いを利用してコロイド粒子だけにすることができます。この操作を**透析**といいます（図29）。

高校の化学の教科書には，これらのほかにもコロイドに関することが載っていますが，栄養学の勉強の準備としては，ここまでで解説した内容だけ確認しておけば，とりあえず大丈夫だと思います。

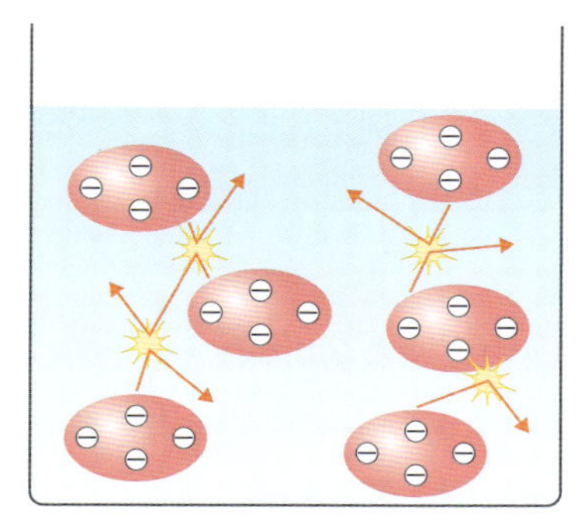

図27　負の電荷をもったコロイド粒子同士の反発

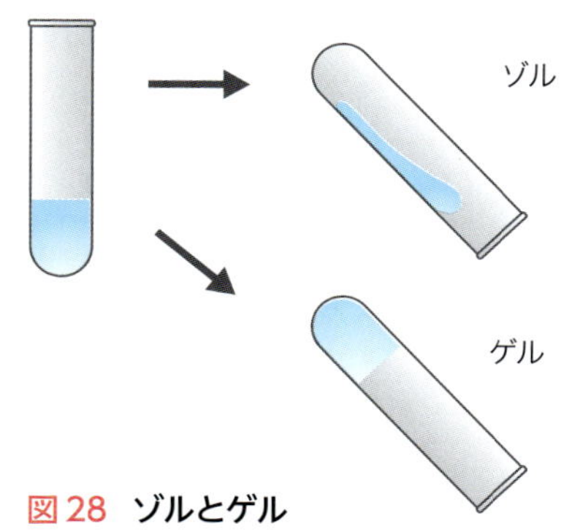

図28　ゾルとゲル
「食品学Ⅰ」（水品善之，他／編），p164 図1，羊土社，2015より引用

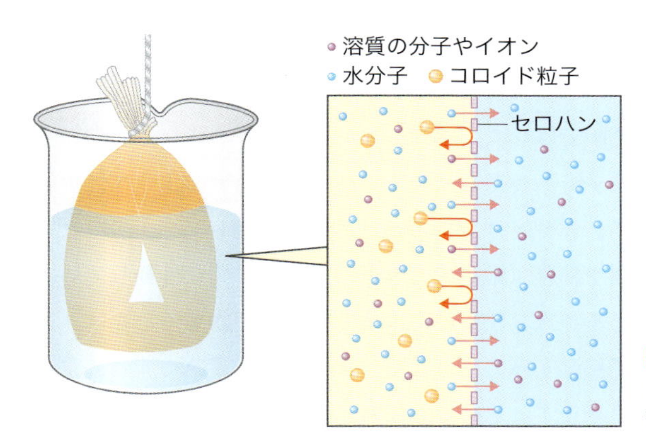

図29　透析
「化学」（竹内敬人，他／著），p59図21，東京書籍，2013を参考に作成

6　栄養学のなかの“溶液のいろいろな性質”

私たちが日常生活で口にする食物は加工や調理がされていたとしても，もともとは植物や動物であり，私たちのからだと中身は同じで，基本的に溶液で満たされています。しかし，溶液といっても，この章で例にあげた塩化ナトリウム水溶液のような単純な溶液ではなく，水を溶媒としてさまざまな溶質が溶けた溶液です。溶質には，電解質だけでなく，気体やコロイド粒子など，たくさんの種類のものが混在しています。このような溶液に満たされていることで，からだはいろいろな溶質を生命活動に利用することができます。また，食物であっても，溶液のなかに含まれる溶質が加工・調理に役立ちます。この項では，本章で学んだ溶液の性質が具体的にどのように利用されたり役立ったりしているかを確認しましょう。

A. ヒトのからだのなかの溶液の性質

第3章で，ヒトのからだを大きなマンションに例えたことを覚えていますか？ もう一度，あのマンションのことを思い出してください。

1）浸透を利用した物質の出し入れ

マンションの廊下には，生活に必要なさまざまな品物や住人が生活したことによって出てくるゴミがおかれていました（図30A）。この章でいうとこれらが溶質ということになります。そして，必要な品物を部屋のなかへ入れるときや，逆に要らなくなったものを部屋から出すときは，普通ならドアを開けて出し入れします[23]が，実際のからだではドアはなく，その代わりに，廊下と部屋の仕切りや1つひとつの部屋の仕切りすべてが半透膜でできています。したがって，この章で確認した浸透・浸透圧を利用してものの出し入れをしています（図30B）。そして，この半透膜はただの半透膜ではなく，水やイオンのような小さな分子や粒子以外の少し大きな粒子であっても，決まったものを通せるような仕掛けがあります。よって，水やイオンは浸透圧の差を使用して，1つひとつの部屋（細胞）の間や部屋（細胞）と廊下（血管）の間を移動していきます。また，膜にある特殊な仕掛けによって物質が移動するときは，その物質自身が動いて移動するのではなく，水が浸透していく流れに乗って物質が移動していきます。そのほかにも，からだのなかを物質が移動する方法はありますが，それは今後栄養学の一部として勉強する科目のなかでしっかりと学んでください。

[23] 皆さんのイメージを優先させるために第3章でもそのように表現しました

A)

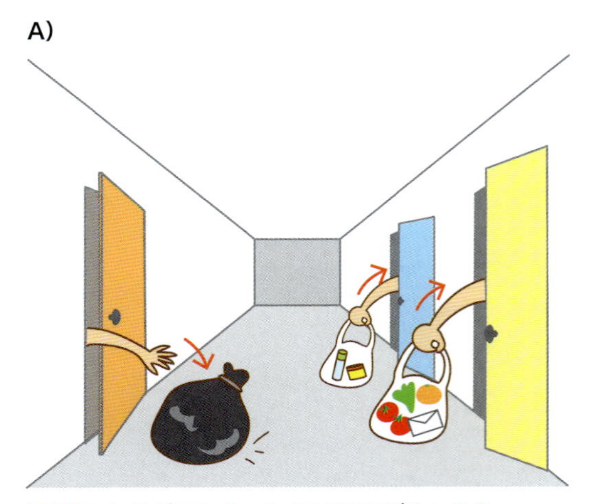

B)

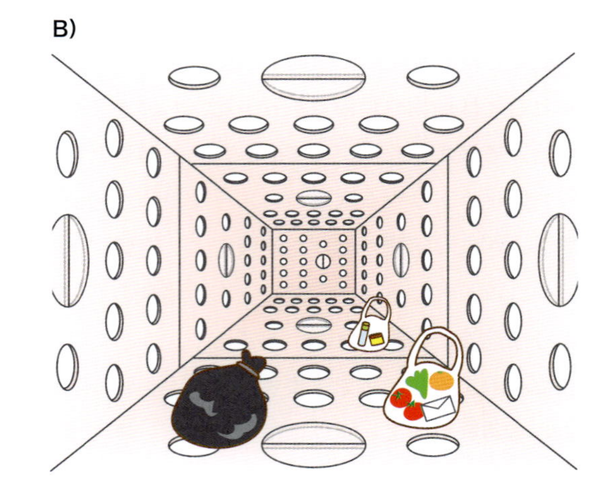

図30　からだマンションにはドアがない？？
A）第3章でのイメージ
B）すべての壁が半透膜でできている様子

2）脱水と浸透圧の関係

ここまでの話で，私たちのからだのなかで浸透・浸透圧が利用されているということは理解してもらえたと思います。これらがきちんと機能するためには，水を必要量確保するだけではなく，その水を体内の各部所に適正な割合で分布させることも大切です。「なんだ，水の役割はそれだけか」と思う人もいるかもしれません。しかし，それは意外に簡単ではないのです。水が必要なときに必要な分だけ確保できればいいのですが，いつもそうとはかぎりません。

最近，テレビや新聞などを通じて耳にすることが多くなった“脱水”について考えてみましょう。**“脱水”**とは，私たちのからだの，特に血液中の水分が失われている状態をいいますが，この“脱水”にならないようにすること，あるいは“脱水”に対処することも，栄養学に含まれます。そしてこれらを考えるためには，この章で学んだことがとても役立ちます。

脱水といわれると，皆さんは「水分補給をすればいい」と思うのではないでしょうか？ そして，そのときの“水分”は単純な“水”を思い描いているのではないですか？ じつは，この章で学んだ浸透・浸透圧の視点で考えると，単純な“水”では不具合が生じることがあります。

からだのなかで水が重要となる理由は，浸透・浸透圧を正しく機能させるために不可欠だから，ということでした。しかし，浸透・浸透圧を考えるときに出てくるものは水だけだったでしょうか？ そうです，溶質のことも考える必要がありました。単純に水だけが失われた脱水であれば，水だけを補給すれば十分ですが，水と共に溶質も失われた脱水というのもあります。この場合は水だけ補給すると溶質が足りず，水を補給することによってさらに浸透圧のバランスが崩れてしまいます。つまり，“脱水”を予防・対処したいと思ったときには，“脱水”の種類を考えないといけません。つまり，その“脱水”が水だけを失って起こっているのか，あるいは，溶液の状態で水と溶質の両方を失って起こっているのかということです（図31）。予防・対処法の詳細は栄養学を学ぶなかで身につけてもらいたいと思いますが，このようなことを考えるときにも浸透・浸透圧の知識が必要となることは感じてもらえたと思います。

3）栄養素と浸透圧の関係

浸透・浸透圧が関係するのはもちろん“脱水”だけではありません。栄養学の核である“栄養”そのものにもかかわってきます。本書の最初から幾度となく，“栄養というのは生きるために必要なことで，普通は食

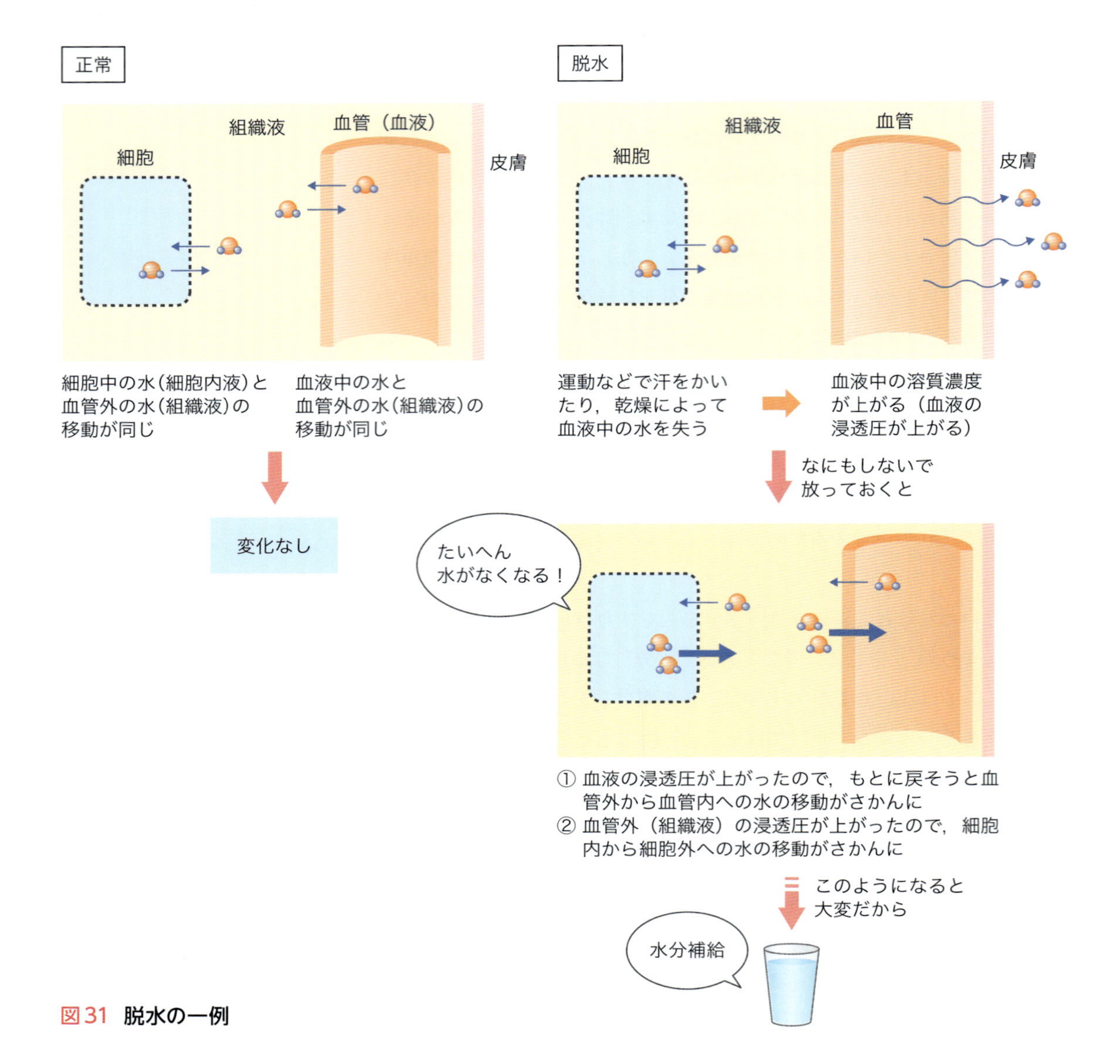

図31　脱水の一例

物を食べることによって行われていること”，そして，“栄養を行うためには，食物を食べる機能や食べた食物を利用する機能など，必要とされる機能があるということ”をお話ししてきました。しかし，皆さんが栄養学の専門家としてかかわる人のなかには，私たちと同じように“栄養”を行うことができない人もいます。そのような人には，その人に合った方法で“栄養”を行っていかないといけません。なぜなら，“栄養”を行わないと生きていくことができないからです。

　そのような場合に栄養素を補給する方法の１つとして，直接血管に栄養素を入れる方法があります。皆さんのなかにも，嘔吐（おうと）や下痢で体調がすぐれず満足に食事ができていないときなどに，病院でブドウ糖液の点滴をしてもらったことがある人がいるかもしれません。これは血管に直接栄養素を入れる1つの方法です。このときの栄養素は，この章の言葉でいえば，溶液のなかの溶質にあたります。したがって，体内の浸透・浸透圧を乱さないように，どのような栄養素をどれくらいの量点滴するかを考えることも，栄養学のなかでは必要になってきます。

ここまで，浸透・浸透圧の話が中心になりましたが，この章で確認したほかの事柄も栄養学に必要になることを，違った角度からみていくことにしましょう。

B. 食物（食品）のなかの溶液の性質

突然ですが，水と油が馴染まないことは，皆さん，知識や経験から知っていますよね。日常生活において，水と油をなにか蓋のできる容器に入れて，よく振ると，一瞬は馴染んだように見えますが，しばらく放置していると，上部は油，下部は水と分離してきます。このように，放置すると分離してしまう状態は，馴染んだ（溶解した）状態ではないことは，第3章と本章で確認した事柄からわかると思います。では，どんなことをしても，水と油は馴染むことはできないのでしょうか。

1）食品中の水と油

私たちが，日常生活で口にしている食品は，いろいろな性質をもった物質からできています。したがって，互いに馴染む性質をもった物質もあれば，馴染まない物質も混在している状態です。当然，食品中では，水と油も存在します。私たちのからだのなかも同じで，水と油が存在します。しかし，食品中やからだのなかで先ほど例にした水と油のように分離している状態をみかけることはほとんどありません。皆さんが生野菜を食べるときにかけるドレッシングくらいではないでしょうか？ 同じく，生野菜を食べるときにかけるマヨネーズでは，そのような状態はみられません。ドレッシングとマヨネーズは，両方とも主に食酢（酢酸水溶液）と油からできていますが，なぜ，ドレッシングの水と油は馴染まず，マヨネーズの水と油は馴染んでいるのでしょうか？

2）マヨネーズはコロイド粒子でできている

その理由は，油の形にあります。コロイド溶液について説明するなかで，コロイド粒子は，これまでにみてきた溶質粒子に比べて，大きな粒子であるということをお話ししました。さらに付け加えるとじつは，その大きな粒子が1つの物質のみで形成されている場合（**分子コロイド**）

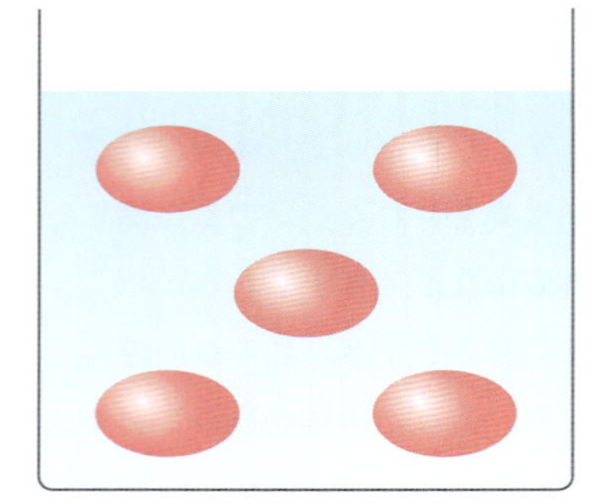

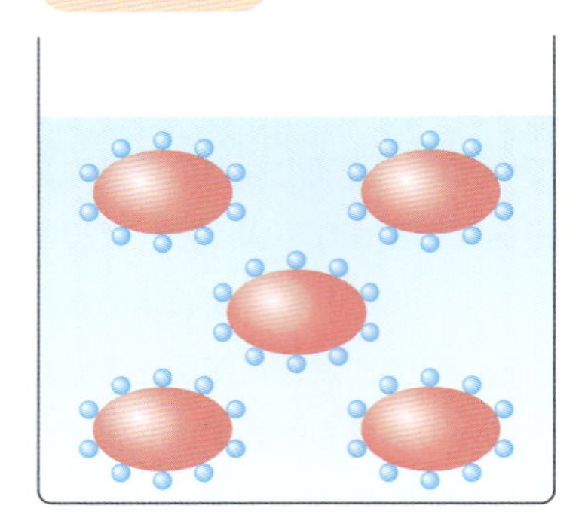

図32　**分子コロイドと会合コロイド**

と，いくつかの物質が集まって形成されている場合（**会合コロイド**）があります（図32）。

今話題にあがったマヨネーズの油は，ドレッシングの油と違って，コロイド粒子になっています。また，このコロイド粒子は会合コロイドの形です。では実際にはどのようにコロイド粒子を形成しているのかを考えてみましょう。マヨネーズをつくる材料は，食酢と油のほかに卵黄（または全卵）が加わります。この卵黄のなかには，レシチンという水とも油とも馴染める性質をもった物質が含まれています。マヨネーズをつくるために，これらの材料を混ぜると，レシチンと油が集まって，粒子の中心には油，その外側をレシチンが囲んだ，コロイド粒子を形成します。その結果，普通なら馴染むことのない水と油の間を，レシチンが仲介役として仲をとりもつことで，水のなかでも油が分離することなく，安定した状態で存在することができます（図33）。

仲介役になる物質は，食品によって異なりますが，このようにコロイド粒子を形成することで油と水が馴染んでいるものはマヨネーズのほかに牛乳があります。さらに，油のなかに水を含んだコロイド粒子があるものとしては，バターや生クリームなどがあります。皆さんはこれまで，このような視点で食物をみていなかったと思いますが，栄養学ではこのような視点が必要となります。また，栄養学を勉強した後の活躍の場として，人の健康に貢献するために管理栄養士として働く道以外にも，新しい食品開発に携わるという道も１つの選択肢としてあります。そのときには，特にこのような目で食物をみていくことが大切になってきます。

この水と油の関係は，私たちのからだにとっても重要です。なぜなら，油もヒトが生きていくために必要な物質，栄養素の１つだからです[24]。したがって，油も血液中を流れていないといけません。しかし，そのまま

[24]最近は世間一般にあまりいいイメージのない油ですが，油がないと私たちは生きていくことができません

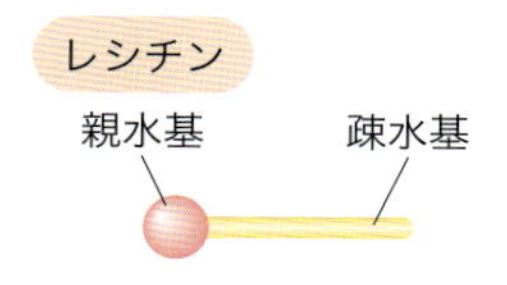

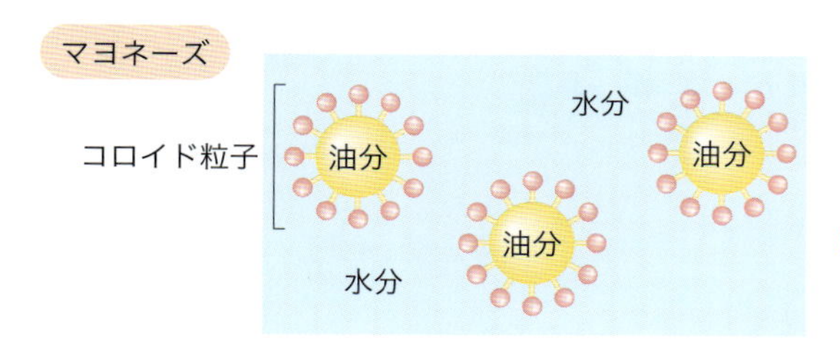

図33　マヨネーズのコロイド粒子
レシチンの水に馴染みやすい部分を親水基，油に馴染みやすい部分を疎水基とよびます

ではうまく流れることができないので，先ほどのマヨネーズに似た粒子を形成して，私たちのからだの細胞が利用できるように血液中を流れています。

栄養学と溶液の性質とのかかわりは，このほかにもたくさんありますが，この続きは，皆さんが栄養学の勉強をスタートさせてからのお楽しみということにして先に進むことにします。

第5章
酸と塩基

pHの仕組みを
理解し，計算ができる
ようになりましょう

緩衝液の緩衝作用と，
からだのなかでの
働きを学びましょう

酸は
水素イオンを渡すもの，
塩基は水素イオンを
受け取るものである
ことを理解しましょう

1　グループ分けで考える溶液の性質

私たちの身の回りには，たくさんの物質があります。その物質を1つひとつどんなものか確認しようとすると，とても大変であることは，皆さん想像できると思います。では，そのようなたくさんの物質のなかから，ある物質の特徴を知りたいとき，あるいは条件にあう物質をみつけたいときには，どうすればよいのでしょうか。

A. 物質のグループ分け

物質の性質の話に限らず，たくさんのものを対象として扱う際に，作業を楽にするのが，それぞれをグループに分け，まず大まかにみるという方法です。大まかにものをふるい分け，対象がしぼれたところで目的にあった方法で細かく確認すれば，効率がよいのはもちろん，間違いも少なくなります。なお，このような方法でものをみる場合は，どのようなグループがあるのか，また，どのような基準によってグループ分けされるのかをまず知る必要があります。

第4章までに確認してきたことのなかにも，いくつかのグループ分けがありました。例えば，物質を構成している元素の種類を基準にしたグ

元素の種類を基準としたグループ

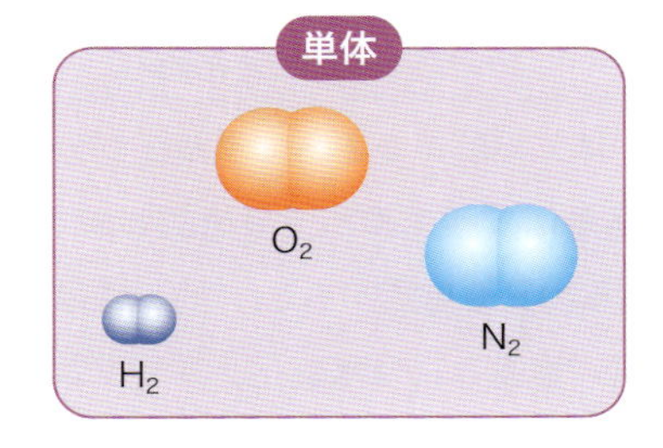

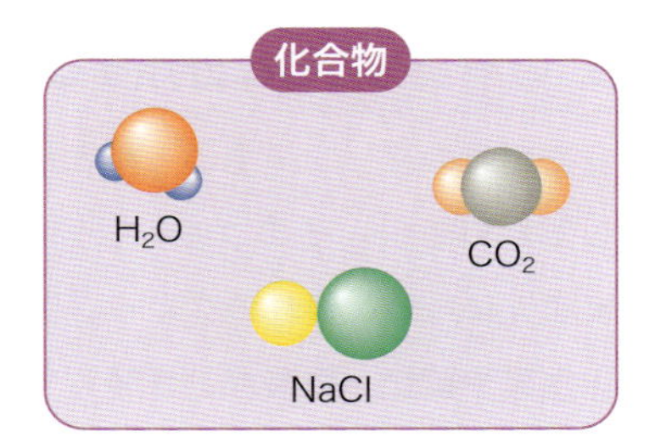

イオン化の有無を基準としたグループ

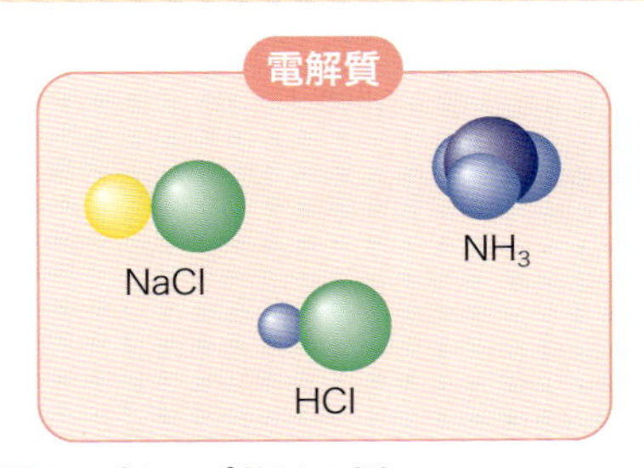

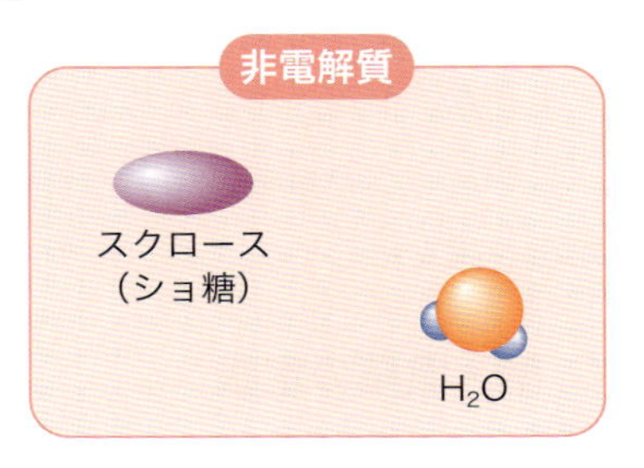

図1　グループ分けの例

第5章　酸と塩基

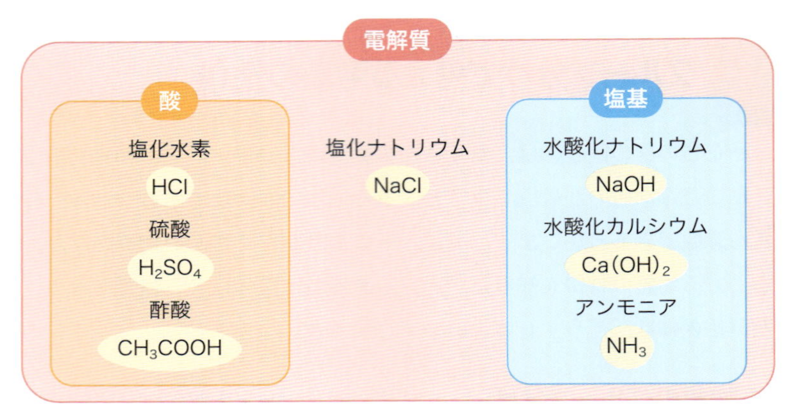

図2　酸と塩基に属する物質の例

ループ分けでは，1種類の元素から構成されている物質を**単体**，2種類以上の元素から構成されている物質を**化合物**としました。また，水に溶けたときに**イオン化**するかどうか❶ということを基準にして，イオン化する物質を**電解質**といいました。一方，イオン化しない物質を**非電解質**といいました（図1）。

例にあげたようなグループ分けは，かなり大きな分類です。そのため，もっとしぼり込むときは，さらに基準を設けてグループ内の物質を細かくグループに分ける必要があります。この章では第4章に引き続き溶液の性質を取り扱いますが，そのなかでも特に電解質がかかわった細かなグループ分けについて考えたいと思います。

❶第2章や第4章でも説明しましたが，イオン化とは水に溶けたときに陽イオンと陰イオンになることで，それぞれの粒子が**電荷**をもつということです

B. 電解質をさらに分類する

この章のテーマである“酸と塩基”は，電解質をさらにグループ分けしたものです。そのグループ分けの基準は，後でゆっくり確認します。まず先に，それぞれのグループに属する物質を確認すると，“酸”には塩化水素や硫酸，酢酸などが属していて，“塩基”には水酸化ナトリウムや水酸化カルシウム，アンモニアなどが属しています（図2）。

この酸と塩基にグループ分けするときの基準❷については，複数あるため高校までの化学でどのように覚えていたかが人によって違うかもしれません。また，複数ある基準のうち，栄養学を勉強する際に使いやすい基準というのもあります。それぞれを確認しながら，皆さんのなかの知識を確実にしていきましょう。

❷“酸と塩基にグループ分けする際の基準”は“酸と塩基の定義”とも言い換えられます

C. 酸・塩基の定義

皆さんが，“酸”とか“塩基❸”という言葉を小学生の頃はじめて聞い

❸最初に習った頃は“塩基”ではなく“アルカリ”というよびかたで習った人もいるかと思います

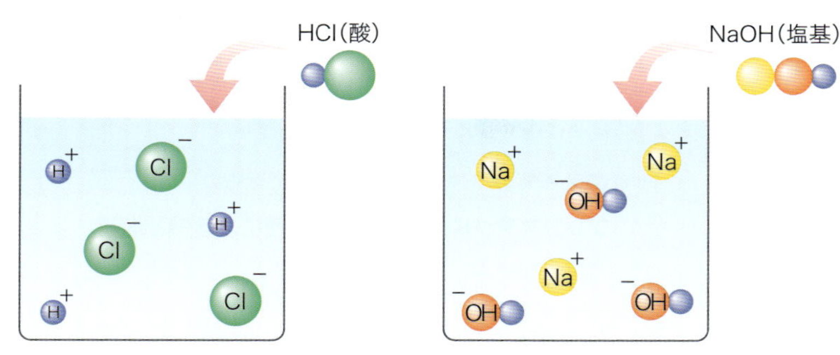

図3　**アレニウスの定義による酸と塩基**

たときは，“酸”は**酸っぱい味**のするもので，“塩基”はその酸の性質を**打ち消す**ものと習ったかもしれません。そして，少し勉強が進んで中学生くらいになると，“酸”は水に溶けたときに**水素イオン（H^+）**が生じる物質で，一方“塩基”は水に溶けたときに**水酸化物イオン（OH^-）**が生じる物質と習ったのではないでしょうか？ これは**アレニウスの定義**とよばれるものです。高校の化学の教科書では，基本的にはアレニウスの定義で“酸”と“塩基”が説明されています（図3）。

1）酸の定義から考える

一見すると，この2つの定義は違ってみえますが，共通しているところがあります。それは，“酸”については一貫しているところです。「どこが共通しているの？」と思うかもしれませんが，酸っぱさと水素イオンには重要な関係があるのです。

私たちは日常生活のなかで，食物の甘い（甘味）とか酸っぱい（酸味）といった味を舌で感じています。味には基本味といわれる**塩味**，**酸味**，**甘味**，**苦味**，**旨味**の5つがあります[4]。水（唾液）に溶けた特定の物質が舌で感知されることによって，私たちはこれらの味を感じることができます。

そのなかで酸っぱいという味（酸味）は，水に物質が溶けたときに生じた水素イオンが舌で感知され生じます。このため，“酸”というグループに属する物質が，水に溶けたときに水素イオンを生じるということは，“味”という点からも揺るぎない事柄であるとわかります。

2）塩基の定義

一方，“塩基”に関しては，少し曖昧なところが残ります。じつは“塩基”は必ずしも水酸化物イオン（OH^-）が生じるわけではないからです。この問題は先ほどお話ししたアレニウスの定義では説明できないため，それとは別に，水素イオンを中心に考える定義をもちいます。それ

[4]「辛い（辛味）は含まれないの？」と疑問に思った人もいるかもしれません。私たちが“味”と感じているもののなかには，基本味に味以外の感覚が組合わさって認識されるものがあります。辛味はその代表で，痛みや温度を感じ取るセンサーによって感じられる基本味とは別のものです。詳しくは栄養学のなかで学んでいきましょう

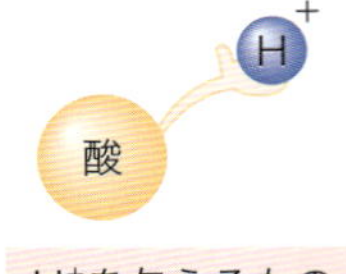

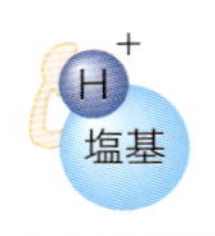

H⁺を与えるもの　H⁺を受けとるもの

図4　ブレンステッド-ローリーの定義による酸と塩基

は，“酸”は水素イオン（H^+）を**与える**物質で，“塩基”は水素イオン（H^+）を**受けとる**物質であるという定義です。これを**ブレンステッド-ローリーの定義**といいます（図4）[5]。すでに高校時代に身についている人もいるかもしれませんがこの定義は，この章を進めていくなかや皆さんがこれから栄養学を勉強していくなかで，酸や塩基について考えるときの助けになると思いますので，知らなかったという人は覚えてください。

[5] ブレンステッド-ローリーの定義の説明は，「次項B.酸・塩基における水のかかわり」で詳しく行います

2　電離度とはなにか？酸と酸性の違いはなにか？

前項の酸や塩基に関するいろいろな定義から，酸や塩基という言葉は，それぞれその定義にあう**物質そのもの**をさす言葉であることが理解できたと思います。そして，酸であれ，塩基であれ共通することは，電解質といわれる物質，つまり，水に溶けると陽イオンと陰イオンとなる物質ということです。

A. 電解質の性質を示す“電離度”

1）電離度とはなにか

酸の代表として塩化水素（HCl）を例にあげると，塩化水素が水に溶解すると，$HCl \rightarrow H^+ + Cl^-$となります。塩基であっても同様で，例えば，水酸化ナトリウム（NaOH）ならば，$NaOH \rightarrow Na^+ + OH^-$となります。

さて，ここで少し気になることがありませんか？ どんな電解質であっても，完全にイオン化するのでしょうか？ そして，どの電解質であってもすべて同じ割合でイオン化するのでしょうか？ それとも，電解質によって違った割合でイオン化するのでしょうか？

少し思い出してください。「第4章4.溶質の溶け方と溶解度」で電解質をとりあげたとき，溶解はその物質を構成している元素同士が結合や

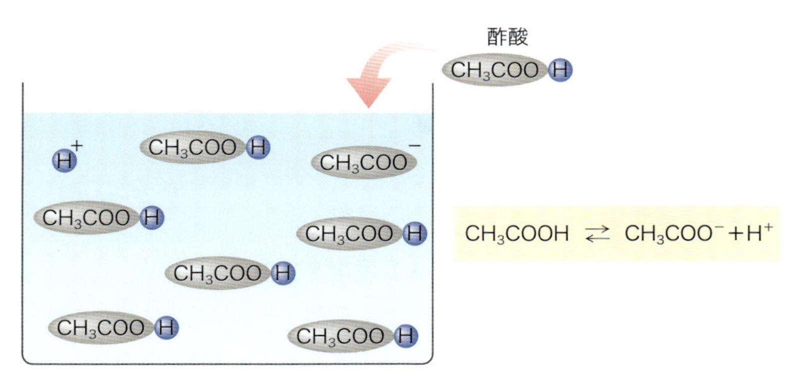

図5 **酢酸の電離**

引力によってまとまっている力より，水がその物質を引き寄せようとする力が大きくなった結果で起こるということを説明しました。また，物質を構成する元素同士の結合や引力は，元素の組合わせによって違うことも，同時に思い出してください。これらのことから考えると，どれくらいの割合でイオン化するかは電解質の種類によって違うということが推測できると思います。それでは，イオン化する割合はなにによって知ることができるのでしょうか。

電解質が水に溶けてイオンを生じることを，**電離**といいます。そして，電解質が電離した割合を**電離度**といい，式を示すと，以下の形になります。

$$電離度 = \frac{電離した電解質の物質量}{溶かした電解質の物質量}$$

例にあげた塩化水素の電離度は，ほぼ1ですので，塩化水素が水に溶けると，ほぼすべて水素イオンと塩化物イオンの形で水溶液中に存在します。このように，完全に水溶液中で電離してしまう酸を**強酸**といいます。

ところが，同じ酸でも酢酸（CH_3COOH）は違います。例えば，25℃における0.1 mol/Lの酢酸の電離度は約0.016，すなわち1.6％です。よって，このような酢酸が水に溶けると，水溶液中には酢酸のままのものと，電離した水素イオン（H^+）と酢酸イオン（CH_3COO^-）が混在しています（図5）。

第4章の**溶解平衡**の考え方と同様に，酢酸水溶液中では，電離することと，電離したイオンがもとの酢酸へ戻ろうとすることが同時に起こっています。そして，水溶液のおかれている環境が変化しなければ，あるところでバランスがとれて，酢酸と水素イオン，酢酸イオンが一定の割

合で存在し，見た目には止まっている状態にみえる**平衡状態**がやってきます。このような平衡状態になった0.1 mol/L酢酸の場合，25℃で1.6％が電離しているので，溶液1L中には，0.0016 molの水素イオン，0.0016 molの酢酸イオンと0.0984 molの酢酸が存在しているということです[6]。

[6] 0.1 (mol/L) × 0.016 = 0.0016 (mol/L) であり，これが水素イオンと酢酸イオンの物質量です。また，酢酸のままで電離していないものは，残りすべてですので，0.1 (mol/L) − 0.0016 (mol/L) = 0.0984 (mol/L) となります。1個の酢酸から1つの水素イオンと1つの酢酸イオンができるので，間違っても0.1 (mol/L) − [0.0016 (mol/L) + 0.0016 (mol/L)] とはしないでくださいね

2）電離度が違うことが水素イオン濃度を左右する

これらのことは，同じ量の塩化水素と酢酸をそれぞれ水に溶かしたとき，水溶液に存在する水素イオンの量（**水素イオン濃度**）が違うことを意味します。つまり，同じ物質量だけ水に溶かした場合，酢酸の方が水溶液中に存在する水素イオン濃度が小さく，酸としての働きが弱い（**弱酸**）ということです。それに対して，塩化水素は酸として働きが強い（**強酸**）ということになります。同様のことは塩基でもいえます。水酸化ナトリウムや水酸化カリウムは**強塩基**，これに対して，アンモニアや水酸化銅は**弱塩基**です。

B. 酸・塩基における水のかかわり

化学を学ぶなかでいろいろなところで顔を出してきていた水は，本章のここまでの解説では少し目立たない感じがしましたが，ここから先でかかわってきます。酸・塩基にとって，水はどのような物質であるのでしょうか？ 再び，塩化水素が水に溶けるときをみることにしましょう。

1）塩基としての水の役割

塩化水素（HCl）が水に溶けるとじつは，

$$HCl + H_2O \rightarrow H_3O^+ + Cl^-$$

となります。「あれっ？ 水素イオンが消えてしまった…」と思っている人もいると思いますが，水を登場させると，正しくはこの形になります。

ブレンステッド-ローリーの定義では，水素イオンを与える物質が酸，受けとる物質が塩基と決められていました。この定義にもとづいて，先ほどの式を見ると，塩化水素は，水素イオンを放出して塩化物イオンになりました。よって，**塩化水素は酸**です。これは一貫してこれまでと同じです。そして，一方，水の方は，塩化水素が放出した水素イオンを受けとって，水に水素イオンがついた**オキソニウムイオン**（H_3O^+）になりました[7]。したがって，この場合，水は塩基の役割を果たしたことになります（図6）。

[7] $H_2O + H^+ \rightarrow H_3O^+$ となり，オキソニウムイオンが発生します

ここで出てきたオキソニウムイオンは，水に水素イオンが結合したも

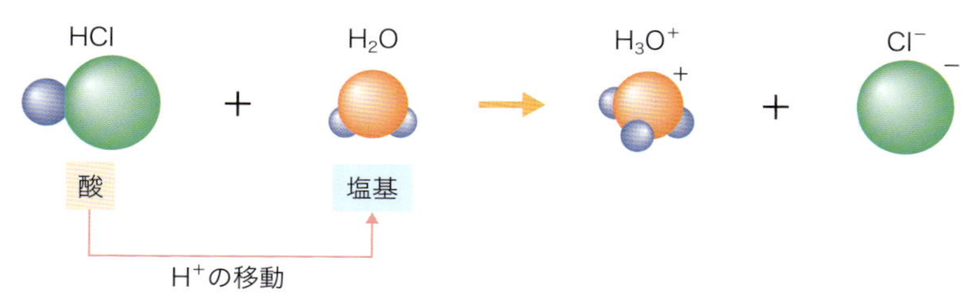

図6　塩化水素における酸・塩基

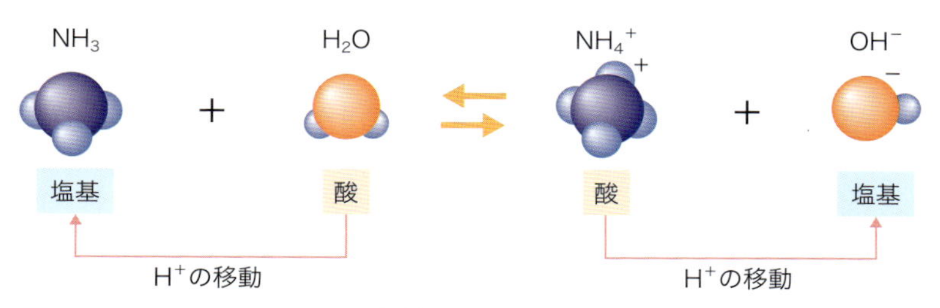

図7　アンモニアにおける酸・塩基

ので，これまでただ水素イオンとしていたものは，実際の水溶液中ではこのオキソニウムイオンの形で存在します。つまり，同じものです。

2）酸としての水の役割

では，今度は塩基が水に溶けたときを，アンモニア（NH_3）を例に確認してみましょう。アンモニアが水に溶けると，

$$NH_3 + H_2O \rightleftarrows NH_4^+ + OH^-$$

となります。アンモニアは，水素イオンを受けとって**アンモニウムイオン**（NH_4^+）になります[8]が，このときにアンモニアが受けとった水素イオンは，なにから放出されたものかというと，**水から放出**されたものです[9]。よって，この場合，アンモニアが塩基で，水は酸の役割を果たしていることになります（図7）。これらのことからわかることは，水はどのようなときでも分子の形でいるのではなく，ときには電離し[10]，酸と塩基両方の役割をするということです。

3）平衡状態

水の電離が双方向になっているのは，以前の酢酸が弱酸であったのと同様に，水も電離度が小さいため完全に電離してしまうことはなく，電離したものとしないものが**平衡状態**を保った状態で存在することを意味します。また，アンモニア自身も電離度が小さい弱塩基であるため，同じようなことが起こっています。したがって，図7で反応が左から右に

[8] $NH_3 + H^+ \rightarrow NH_4^+$ となり，アンモニウムイオンが発生します

[9] $H_2O \rightarrow H^+ + OH^-$ と，水は水素イオンを放出します

[10] 正しくは $2H_2O \rightleftarrows H_3O^+ + OH^-$ ですが，ほかの物質と一緒に考える際に難しくなるので，単純に $H_2O \rightleftarrows H^+ + OH^-$ と覚えていれば問題ありません

進行するとき，つまりアンモニアも水もともに電離する場合は，アンモニアが塩基で水が酸，そして，右から左に進行するときは，アンモニアが酸で水が塩基という役割をしています。つまり，酸・塩基の役割が相手の物質や乖離（かいり）する状況によって変化することも有りえるということです。少し不思議な感じですが，この話は，後ほど改めて出てきますので覚えていてください。

C. 水の電離度

水は，普通の状態では特にこれといった味もなく，匂いもない液体です。水だけでは，なにも表立って特徴がみえてこない物質ですが，そこが水のすごいところともいえます[11]。

⑪もちろんこれまでの章でお話ししたとおり，実際には水はいろいろな優れた性質をもっています

1）水の電離度と電離平衡定数

液体状態の水では，脚注⑩で解説したように，極々少量の水分子が電離をしています。その割合（電離度）は，25℃で1.8×10^{-9}（1.8×10^{-7}%）です。つまりどれくらいの物質量にあたるのでしょうか？ 少し前の復習も兼ねて，電離した水素イオンと水酸化物イオンの**体積モル濃度**を求めてみましょう。

溶液などを扱う場合は，たいてい1 Lを基準にするので，水1 Lに設定します。水の密度は1.0 g/cm^{3}だったので水1 Lは1 kg（1,000 g）となります。そして水1 kgの物質量は，水の分子量＝18.0[12]から55.6 mol[13]です。これらをヒントにして，電離したものの物質量をxとすると，電離度を求める式より

⑫水はH_2OでHが2個，Oが1個です。つまり水の分子量＝1×2＋16＝18です

⑬分子量より，水は1 molが18.0 gであるので，1,000 gが何molかを計算するには，1,000 (g)／18 (g/mol) ≒ 55.6 molと計算すればよいです

$$電離度 = \frac{電離した電解質の物質量}{溶かした電解質の物質量}$$

$$1.8 \times 10^{-9} = \frac{x\,(\mathrm{mol})}{55.6\,(\mathrm{mol})}$$

$$x = 1.8 \times 10^{-9} \times 55.6\,(\mathrm{mol}) = 100.08 \times 10^{-9} \fallingdotseq 1.0 \times 10^{-7}$$

となります。

よって，1 Lの水のなかでは，約55.6 molの水分子と，電離した水素イオンおよび水酸化物イオンがほんのわずか1.0×10^{-7} molずつ存在していることになります。

しかし，忘れてはいけないのが，これらは止まっているのではなく，水分子から電離して水素イオンと水酸化物イオンになる変化と，電離した水素イオンおよび水酸化物イオンが水分子に戻る変化が同じ速さになって，止まって見える状態（電離平衡）に至った状態だということです。

今回の計算では，25℃の水が電離平衡に達したときのそれぞれの物質の量的バランスを求めたことになります。さらに，水に限らず，電離度の小さい電解質の場合，ある温度で平衡状態に達したときの電離してない物質と電離して生じた陽イオンおよび陰イオンの量的な関係は，温度が変化しなければ，一定の値を示します。この一定の値は**電離定数**とよばれ，それぞれの物質ごとに下記の式で計算されます。

$$\text{電離定数}=\frac{\text{電離した陽イオンの物質量}\times\text{電離した陰イオンの物質量}}{\text{電離していない電解質の物質量}}$$
$$=\frac{[\text{電離した陽イオン}]\,[\text{電離した陰イオン}]}{[\text{電離していない電解質}]}$$

この式のなかで同じことが違った表記で2つ示されていることに気づいてもらえていると思いますが，物質が［　］で囲われるとその物質の**物質量**あるいは**濃度**を意味します。これは科学のなかでのルールですから覚えていてください。

2）水のイオン積

この電離定数の考え方をもとに，水に改めて注目すると，温度が変わらなければ，水から生じた水素イオンおよび水酸化物イオンの物質量（濃度）をかけたもの（積）は，常に一定の値になるということがわかります。具体的にどのような値となるかを考えてみると，先ほど計算したとおり電離した水の物質量は，1.0×10^{-7} molであり水素イオンと水酸化物イオンもそれぞれ同じ量生じました。このことより，水素イオンと水酸化物イオンの物質量の積は

$$[H^+]\,[OH^-]=(1.0\times10^{-7}\ \mathrm{mol/L})^2=1.0\times10^{-14}\,(\mathrm{mol/L})^2$$

と求められ，これを**水のイオン積**といいます。この水のイオン積は温度が25℃のとき必ず一定で，1.0×10^{-14} $(\mathrm{mol/L})^2$ になります。

3）酸性・塩基性の定義

したがって，25℃において，なにも溶けていないただの水[14]は，水素イオンおよび水酸化物イオンがそれぞれ同量，1.0×10^{-7} mol/Lずつ存在しています。このような水に何らかの酸が溶解して，溶液中の水素イオンの量（濃度）が水だけのときよりも多くなると，その分水酸化物イオンの量（濃度）が少なくなります。**この状態の溶液を酸性**といいます。これに対して，水に塩基が溶解して，溶液中の水酸化物イオンの量が水だけのときよりも多くなると，その分水素イオンの量は少なくなります。**この状**

[14] この水はニュートラルな状態，いわゆる中性の状態です

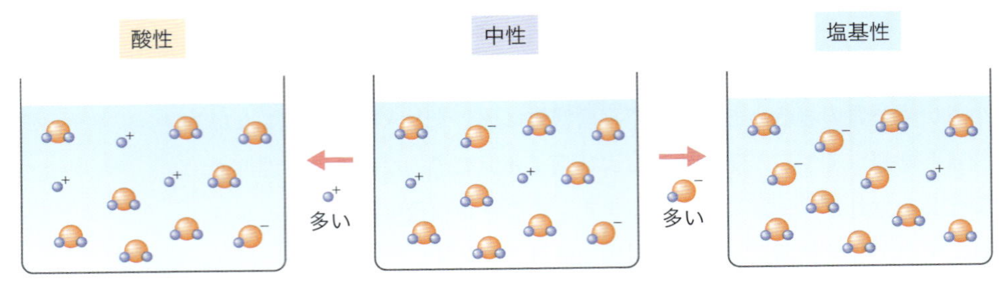

図8　酸性・塩基性の定義

態の溶液を塩基性といいます（図8）。

ここまでの話をまとめると，“酸”や“塩基”は，それぞれの定義に示されているような性質をもった物質を指す言葉で，“酸性”や“塩基性”は，それぞれの状態になった溶液の性質を指す言葉です。

3　酸性・塩基性の度合をあらわすpH

さて，ほかの章でもお話ししたとおり，ただ「酸性に傾いているなあ」とか「こっちの方が酸性が強い」といっているだけでは，個人的な見解に過ぎず，少しも科学的ではありません。誰かに物事を正確に伝えるときは，誰もが同じ感覚になれるようにすることが大切でした。すなわち，数値で表現し，物事を客観的に評価する必要がありました。では，今話題にしている酸性や塩基性といった溶液の性質の度合いは，どのようにして数値化すればよいのでしょうか？

A. 水を基準にして，水素イオン濃度に着目する

酸性や塩基性の度合いを表現するためには，“その溶液がなにかと比べてどれくらいその性質に傾いているか”ということを示さなければなりません。つまり傾く前の比べるなにか（標準）が必要ということです。“標準”は広い用途で使えるもっとも一般的なものであることが重要です。つまり，水をおいてほかにはありません。

また，酸性か塩基性かは水素イオンの物質量と水酸化物イオンの物質量の比較で考えていたため，その度合いをあらわす際には，各イオンが標準の水に比べてどれくらい多いか（もしくはどれくらい少ないか）を数値で示す必要があります。それでは，水素イオンと水酸化物イオン，どちらを基準に考えればよいでしょうか？

酸性	水	塩基性
$[H^+] > 1.0 \times 10^{-7}$mol/L	$[H^+] = 1.0 \times 10^{-7}$mol/L	$[H^+] < 1.0 \times 10^{-7}$mol/L

図9　**水素イオン濃度での定義**

前項で確認したように，両イオンの物質量（濃度）の積は温度が変化しない状態では一定のため，どちらを基準にしても，酸性・塩基性の偏り具合をあらわすにはよいのですが，どちらにするかはっきりさせておかないと，やはり，都合が悪いことが起こります。例えば，ある溶液の状態を表現しようとした場合，水素イオンを基準にしたときと水酸化物イオンを基準にしたときとでは，数値の大小が逆転してしまいます[15]。それでは，せっかく客観的に表現しているにもかかわらず，お互い同じ感覚をもつことが難しいので困ります。したがって，溶液が酸性であるか塩基性であるかを考えるときには溶液中の**水素イオン濃度**に着目することがルールとして決まっています。

ここで，少しまとめると，溶液の酸性・塩基性をあらわす場合は，真水（なにも溶質が溶解してない状態の水）に存在する水素イオン濃度を基準にするということです。つまり，水素イオン濃度が 1.0×10^{-7} mol/Lより大きくなれば酸性，水素イオン濃度が 1.0×10^{-7} mol/Lより小さくなれば塩基性ということです（図9）。

このように水素イオン濃度で比較すれば，「酸性に傾いている」などの表現よりも確かで客観的な評価ができます。濃度計算はこれまでいくつか皆さんと一緒に練習してきたので，水素イオン濃度も求められるようになっているのではないかと思います。ただ，水素イオン濃度の値がうまく計算できたとしても，今のような値では，水の水素イオン濃度と比べる際に大きいのか小さいのかひと目でわかりにくいような気がしませんか？ やはりなにかを評価するときには，極力間違いがないように，わかりやすい表現にする必要があります。つまり，シンプルな形にするということです。

[15]酸性の溶液の水素イオン濃度が高いということは，裏返せば水酸化物イオン濃度が低いということです。ある人は水素イオンに着目していて「水より○だけ高いね」といったとしても，水酸化物イオン濃度に着目している人が聞けば「いやいや，△だけ低いでしょ」と反対のことをいうことになってしまいます

B. pHの計算

溶液の酸性・塩基性をわかりやすく表現するための方法として，**水素イオン指数**（**pH**：**ピーエイチ**）があります。pHを用いれば，酸性・塩基性の度合いを簡単な数値であらわすことができます。では，水素イオン濃度をどのようにして簡単な数値に変換するかというと，以下の式を使用します。

$$pH = -\log_{10}[H^+]$$

1）logを思い出す

pHを計算するための式をみて，「logって何だったっけ？」と思っている人がいるかもしれませんが，これは高校数学の**指数・対数関数**の分野で皆さん学んだはずです。このように，化学の知識を確認するためには，化学そのものの知識だけではなく数学の知識も必要です[16]。ここでは，pHを理解するために必要な指数・対数関数に関する計算のルールを簡単に思い出しておきましょう。

指数というのは，数をa^n（aのn乗）の形であらわしたときのnのことをいいました。水の水素イオン濃度は1.0×10^{-7}ですが，このうちの－7の部分が指数にあたります。この指数の計算ルールには，次のようなものがあります。

$$a^m \times a^n = a^{m+n} \qquad a^m / a^n = a^{m-n}$$
$$(a^m)^n = a^{mn} \qquad (ab)^n = a^n b^n \qquad a^0 = 1$$

一方，**対数**は，指数を別のあらわし方をしたものです。例えば，$M = a^n$となるときのnは$\log_a M$とあらわせます[17]。指数と同じように，対数の計算にもルールがあります。

$$\log_a MN = \log_a M + \log_a N \qquad \log_a M/N = \log_a M - \log_a N$$
$$\log_a M^k = k \log_a M \qquad \log_a 1/N = -\log_a N$$

2）中性はpH7

以上のことを頭においたうえで，なにも溶けていないただの水のpHを計算してみましょう。水の水素イオン濃度は，1.0×10^{-7} mol/Lです。したがって，$pH = -\log_{10} 1.0 \times 10^{-7}$を計算すればよいことになります。対数のルールを使うと，

$$-\log_{10} 1.0 \times 10^{-7} = -(\log_{10} 1.0 + \log_{10} 10^{-7})$$
$$= -\{0 + (-7 \log_{10} 10)\} = -(0-7) = 7$$ [18]

となり，pH＝7です。よって，酸性でもなく，塩基性でもない**中性のpHは7**です。

そして，酸が溶解して溶液が酸性に向かう（水素イオン濃度が増える）と，pHの値は7よりも小さくなり，塩基が溶解して溶液が塩基性に向かう（水素イオン濃度が減る）と，pHの値は7よりも大きくなります。実

[16] 栄養学では，今確認している化学だけでなく数学や社会など，高校までに皆さんが勉強してきたことが科目の境目に関係なく関係してきますので，苦手だと思う分野は過去にさかのぼって復習しておくことをおすすめします。ただ，すべての教科を復習することは現実的ではないと思いますので，そのなかで特に重要な化学の知識を本書では確認しています

[17] 正式には，$n = \log_a M$と表現します

[18] $\log_{10} 1.0$は，10を何乗すれば1.0になるかということなので，$a^0 = 1$を利用して10の0乗は1となります。また，$\log_{10} 10^{-7}$は，10を何乗すれば10^{-7}乗になるかということなので，－7となります

際に計算してみましょう。

例題 0.01 mol/L塩化水素溶液（塩酸）のpHを求めよ。

塩化水素は強酸ですので，水に溶解すると$HCl \rightarrow H^+ + Cl^-$にほぼ完全に電離します。したがって，0.01 mol/L塩酸中には，0.01 mol/Lの水素イオンが存在することになります。これを使ってpHを求めます。

$$pH = -\log_{10} 0.01 = -\log_{10} 10^{-2} = -(-2) = 2$$[19]

で，答えは2です。

では，次に塩基性の場合はどうでしょうか？

例題 0.01 mol/L水酸化ナトリウム水溶液のpHを求めよ。

水酸化ナトリウムは強塩基ですので，水に溶解すると$NaOH \rightarrow Na^+ + OH^-$にほぼ完全に電離します。先ほどの塩酸のときの考え方でいくと，溶液中の水酸化物イオンの濃度は0.01 mol/Lであることがわかります。しかし，酸性や塩基性を考えるときには水素イオン濃度であらわすと決まっているのに，その水素イオン濃度がはっきりしません。では，ここからどのようにすれば水素イオン濃度が求められるでしょうか？ このとき使用するのが**水のイオン積**です。水のイオン積は温度が変化しない限り，1.0×10^{-14} $(mol/L)^2$で一定でした。これを利用し，溶液中の水素イオン濃度を求めます。

$$\begin{aligned}[H^+] &= 1.0 \times 10^{-14}/[OH^-] \\ &= 1.0 \times 10^{-14}/0.01 = 1.0 \times 10^{-14}/10^{-2} \\ &= 1.0 \times 10^{-14-(-2)} = 1.0 \times 10^{-12} \ (mol/L)\end{aligned}$$

となります。よって，

$$pH = -\log_{10} 1.0 \times 10^{-12} = -(-12) = 12$$

で，答えは12です。

今度は，弱酸について考えてみましょう。

例題 0.10 mol/L酢酸水溶液のpHを求めよ。ただし，温度は25℃で，その温度における酢酸の電離度は0.020とする。

酢酸が水に溶解すると，$CH_3COOH \rightleftarrows H^+ + CH_3COO^-$に電離しま

[19] 先ほどの指数の計算ルールを使用すると10^{-2}は$10^{0-2} = 10^0/10^2 = 1/100 = 0.01$です。つまり，小数点が1つくり下がることは，10を－1乗することと等しくなります。10の－2乗は0.01，10の－3乗は0.001ということです

第5章 酸と塩基

す。しかし，その電離度は0.020です。したがって，酢酸水溶液中に存在する水素イオン濃度は，

$$[H^+] = 0.10 \times 0.020 = 0.002\ \mathrm{mol/L} = 2.0 \times 10^{-3}\ \mathrm{mol/L}$$

となります。よって，

$$\mathrm{pH} = -\log_{10} 2.0 \times 10^{-3} = -(\log_{10} 2.0 + \log_{10} 10^{-3}) = -\{\log_{10} 2.0 + (-3)\} = -(0.30 - 3) = 2.7$$ [20]

で，答えは2.7です。

いくつか問題を解いてわかったと思いますが，pHは整数に限らず，0～14の広い範囲を網羅します。

[20] $\log_{10} 2.0$の値はこれまででてきたことがありませんでしたが，これを求めるためには**常用対数表**というものを利用します。常用対数表では，$\log_{10} 1.00$～$\log_{10} 9.99$の近似値が掲載されています。それによると$\log_{10} 2$の値は0.30のため，計算では0.30を用いました

4 緩衝作用（緩衝液）

私たちの生活している環境や身の回りの出来事があまり変化しない場合，単調ではありますが楽に過ごせます。さらに，欲をいうならば，心地よいと思う状態でずっと保たれていると最高です。しかし，現実はそううまくいきません。では，私たちは変化に対して，どのようなことをするでしょう？ 私たちは，環境や出来事に合わせ何らかの対応を行います。

例えば，夏のように気温が高いときは，できるだけ涼しい服装にしたり，あるいは冷たいものを口にするなどして暑さをしのぎ，また，冬のような気温が低いときは，重ね着をしたり，体を動かしてみたりして私たち自身が快適な状態に近づけようとします。これが**適応**するということです（図10）。

私たちが変化に対して適応する能力をもっていても，その変化が急激でしかも非常に大きければ，到底適応することができず，適応しきれなかった部分を衝撃として受けることになります[21]。つまり，私たちの身の回りの環境変化はできるだけ少ない方がよいですし，変化する場合は穏やかな方がよいということになります。これは，私たちヒトと生活環境の関係に限ったことではなく，私たちのからだのなかも同様で，心地よい状態が変化しない方がよいですし，変化する場合も穏やかな方がよいのです。からだのなかを心地よい状態に保つということは，私たちにとって非常に重要です。

[21] 季節の変わり目などで寒暖差が激しいときに，からだがついていかずに体調を崩してしまうことがその代表例です

体の核心部の温度（脳や内臓などの温度）を一定に保つために…		
暑い （気温が高い）		寒い （気温が低い）
下げようとする	体温	上げようとする
体表面の温度を上げる 輻射，対流，蒸発を行う 熱放出を促進	体内の熱に 体する対処	体表面の温度を下げる 筋肉，臓器での生産を増加する 熱放出を抑制
拡張	皮膚の血管	収縮
増加	血流	減少
暑熱順化	**季節への適応**	**寒冷順化**

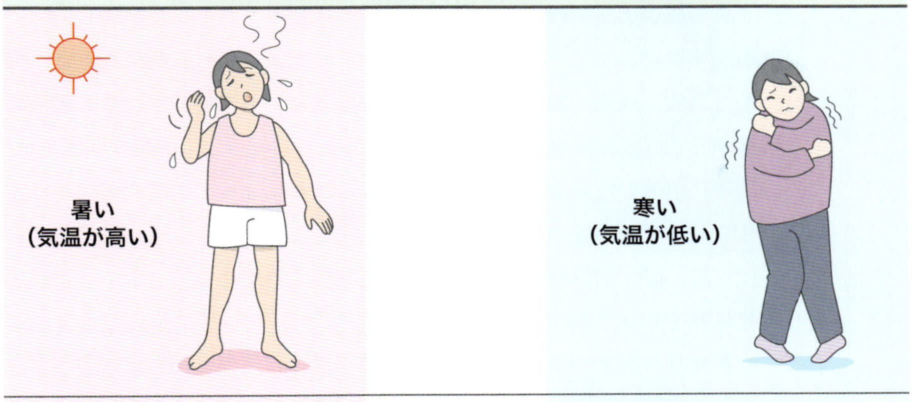

図10　環境への適応
「応用栄養学」（栢下淳，他/編），p196図8，羊土社，2014より引用

A. からだのなかの変化を穏やかにする

これまで何度も取り上げたとおり，私たちのからだのなかは溶液で満たされています。その溶液に溶けている溶質には，酸や塩基などさまざまな物質が存在し，それらのバランスによって溶液の性質が変化することになります。そのバランスが，私たちのからだのなかの環境にとって心地よい状態であればよいのですが，からだのなかでは，絶えず化学変化が起こっているので，その結果として酸や塩基の量的なバランスも変化しています。例えば，“酸が増える”ことが起きると，からだのなかは酸性へ傾きます。また，“塩基が増える”と塩基性へ傾きます。このような傾きの変化は，当然心地よい状態を崩す一因になり，頻繁に，あるいは急激に起こってしまうと，からだのいろいろな機能に支障がでてしまいます。しかし，私たちのからだは，そのような事態に簡単には陥らないような仕組みを備えています。どのような仕組みを利用しているのでしょうか？

B. 弱酸・弱塩基のもつ緩衝作用

少し思い出してみましょう。同じ酸や塩基のグループに所属していても，物質によってその強さが違っていました。つまり，酸であれば，強酸と弱酸，塩基であれば，強塩基と弱塩基という違いです。もし溶液のなかでこれらの酸や塩基が増えたり減ったりした場合，強酸や強塩基は，極端に溶液の性質を変化させる物質で，それに比べて弱酸や弱塩基は変化させる度合いは小さい物質といえます。

一方，酸・塩基が増減した際，変化を抑えるために役立つのは強酸・強塩基でしょうか？ 弱酸・弱塩基でしょうか？ 強酸や強塩基は互いの性質を打ち消す（中和する）ことはできますが，両者とも水溶液中ではぼ完全に電離してしまう性質から，打ち消し合うのも，100か0かで極端になり取り扱いが非常に難しいのが特徴です。

それに比べて，弱酸や弱塩基は電離度が小さいことから，水溶液中で，電離した状態と電離していない状態がバランスを保った平衡状態でいるために，もし，溶液中の水素イオンが少し増えたり減ったりしても，元の電解質の量，あるいは電離したそれぞれのイオンの量を増減させることで，溶液の変化を打ち消して再びバランスをとることが可能です（図11）。

このように溶液中の酸や塩基の存在が多少増減しても，溶液の酸性度や塩基性度に変化が起こりにくいようにすることを**緩衝作用**といい，そのような状態にある溶液のことを**緩衝液**といいます。実際には，弱酸や弱塩基だけでは緩衝作用は不完全で，緩衝作用が生じるためには，**弱酸**

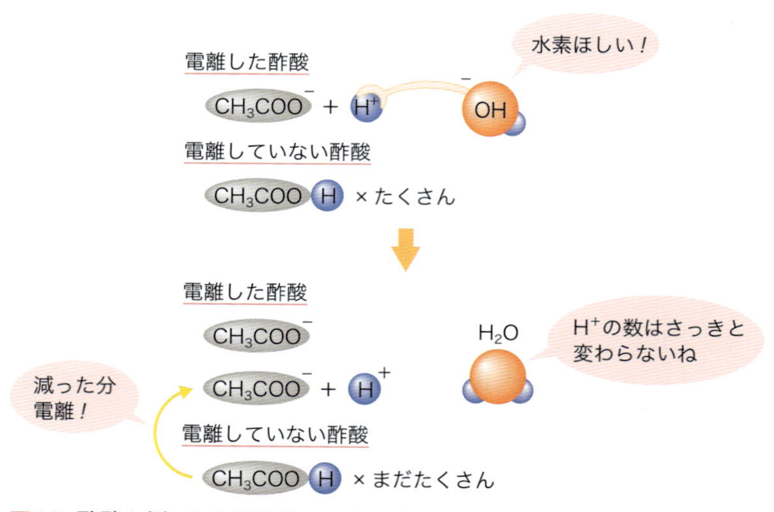

図11 **酢酸を例にした緩衝作用の考え方**

とその塩，あるいは**弱塩基とその塩**の組合せで存在することで成立します。

C. 中和によって生じる“塩”

“塩”と聞いて「それはなに？」と思っている人が，皆さんのなかにいると困るので，念のため確認しておきます。“塩”は味付けなどに使う“しお”ではなく，この場合は“えん”です。これは，酸と塩基が反応して[22]，互いの性質を打ち消し合うとき，それぞれの性質のもとになっている水素イオンと水酸化物イオンが一緒になって水を生じ（中和），残されたそれぞれのイオン，酸の陰イオンと塩基の陽イオンが一緒になって生じた新たな化合物が**“塩”**です。そして，その“塩”の溶解度が大きければ，その“塩”は電解質ですからそれぞれ電離したイオンの状態で存在し，溶解度が小さければ化合物の状態で沈殿します（図12）。

[22]もちろん反応させるときには，酸と塩基を直接ぶつけるのではなく，酸が溶解した水溶液と塩基が溶解した水溶液を混合します

D. 緩衝液の実際

ではなぜ，塩がないと緩衝液とはならないのでしょうか？ その仕組みを弱酸の酢酸（CH_3COOH）とその塩である酢酸ナトリウム（CH_3COONa）を，例にしてみていくことにします（図13）。酢酸が水に溶解すると，その溶液中には，酢酸と少しの水素イオンと酢酸イオンが生じます。一方，酢酸ナトリウムはどのような塩かというと，酢酸と水酸化ナトリウムなどが反応した結果に生じるもので，水溶液中ではナトリウムイオンと酢酸イオンにほぼ完全に電離した状態で存在します。この2つを混合した瞬間の溶液では，多くの酢酸と，多くのナトリウムイオンと酢酸イオン，そしてわずかな水素イオンが存在した状態になります。よって，やや酸性の溶液になっています。しかし，その後すぐに，溶液中のわずかな水素イオンは，たくさん存在する酢酸イオンと一緒になって，酢酸になり水素イオンはなくなって，わずかにあった酸性の性質が弱まってしまいます。

このような状態になった溶液に，新たに酸が溶解しても，同じ原理で

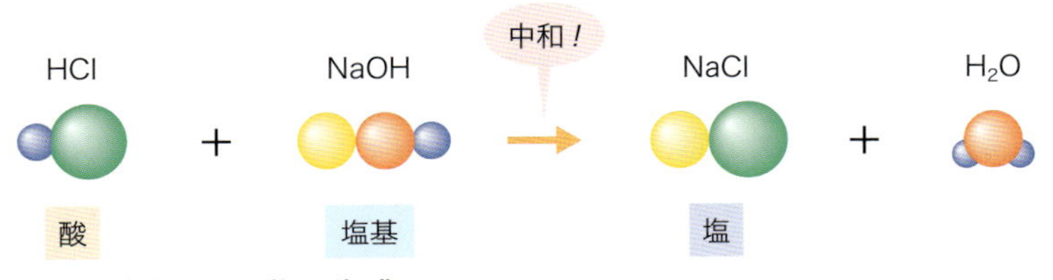

図12　中和による塩の生成

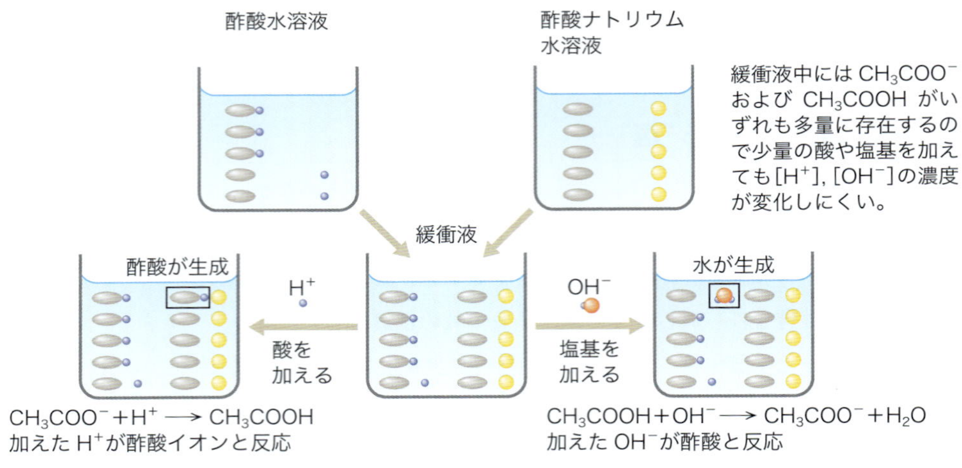

図13 緩衝液

「化学」(竹内敬人，他／著)，p175 図4，東京書籍，2013より引用

溶液の酸性への変化は起こりません。これに対して，塩基が溶解したときは，今度は酢酸の電離が進んで，その結果生じた水素イオンと塩基の水酸化物イオンが一緒になって水となり，溶液中の水素イオンと水酸化物イオンのバランスに変化は起こらないということです（図13）。このような緩衝作用のある溶液を応用すると，ある一定のpHを保った状態の溶液をつくることができ，また，その安定した環境の溶液のなかでいろいろな化学反応を行うことが可能になります。

5 栄養学のなかの"酸と塩基"

ここまでの解説で，酸と塩基は生物のからだのなかの環境を決める大切な要素の1つであることがわかったと思います。また，私たちの日常生活のなかにも酸と塩基に関連することが多くあります。では，いつもどおり，私たちのからだや食物（食品）のなかで酸と塩基がどのように働いているかを確認することで，栄養学をスタートさせるための，より確実な知識にしていきましょう。

A. ヒトのからだのなかの酸と塩基

私たちのからだのなかは，溶媒である水にいろいろな物質が溶解している溶液で満たされていますが，ただ溶液が存在するだけではありません。そのような状態であったら，私たちは生物ではなく，ただの物体で

図14　体中で発生しているジレンマ

す。その溶液のなかで，生命を維持するための活動，つまり，外から取り入れた物質を材料にして，生きていくために必要な物質を主に化学反応によってつくり出すことで生きています。

1）化学反応に適した環境を整える～温度とpH～

必要な物質をつくるために体内で行われる化学反応は，反応が行われている環境の影響を大きく受けます。その環境をつくり上げているものは，1つは**温度**で，もう1つは**液性，pH**です。

したがって，健全なヒトとしての生命活動を行い続けていこうとすれば，化学反応がスムーズに行える最適な環境をできるだけ変化させずに保つことが非常に大切です。その最適な環境とは，**温度**であれば**37℃**で，**pH**なら**7.4**です。この環境を容易に保つことができればよいのですが，そうはいきません。

そもそも環境を保つのは，からだのなかで起こるさまざまな化学反応のためですが，その化学反応を行うことによっていろいろな変化が起こります。一般的に化学反応が起こると，たいていの場合，熱が生まれます。また，化学反応によっていろいろな物質が新たに生じますが，その物質のなかには酸や塩基もあります。つまり，私たちのからだで行われる化学反応をスムーズに行うために環境を最適化しないといけないのに，その一方で，化学反応を行うことによって，その最適な環境が乱されるというジレンマが，日々起きているのです（図14）。

生成熱や生成物によって環境が乱されるのを放置していると，生命活動がうまく行えず，その代償を何らかの形で受けることになってしまいます。しかし，そのような事態には，簡単に陥ることはありません。なぜなら，その環境の変化を穏やかにするための手立てをもっているからです。

温度の変化については，皆さんが今後勉強していくいろいろな教科のなかでしっかり身につけてもらうことにして，これまでこの章で確認したpHについて，体内でどのような調節が行われているのかを考えてみましょう。

2）体液の緩衝作用

私たちのからだの隅々にまで流れている血液にはいろいろな物質が溶質として溶けていることを，以前に話しました。血液中には，細胞が必要とする物質や，反対に細胞でいらなくなった物質などさまざまな物質が存在します。したがって，当然，酸や塩基もありその量も状況に合わせて変動します。

例えば，短距離を全力疾走したり，重いものをもち上げたりといった，呼吸が十分にできないくらいのキツイ運動を行うと，筋肉ではたくさんの乳酸（$C_3H_6O_3$）がつくられます（図15）。この乳酸は，文字どおり酸です。そして，筋肉にとって乳酸はよくないものであるということは，皆さんの日常生活のなかでも，耳にしたことがあると思います[23]。なお，この乳酸は，特別なことをしたときだけからだのなかで生じるのではなく，状況によって生じる量は違うものの常時産生されています。しかし，乳酸のせいで体内のpHがすぐに酸性に傾くというような事態にならないのは，なぜでしょうか。

生命を維持するための活動は，私たちのからだをつくり上げている1つひとつの細胞で基本的に行われています。筋肉細胞で乳酸ができたときに細胞内の環境が変化して，本来筋肉が行わなければならない化学反応

[23]「筋肉に乳酸が溜まったので動けない」や「乳酸が溜まって筋肉が痙攣している」などの発言を，身近な人やテレビなどで聞いたことがあるのではないでしょうか

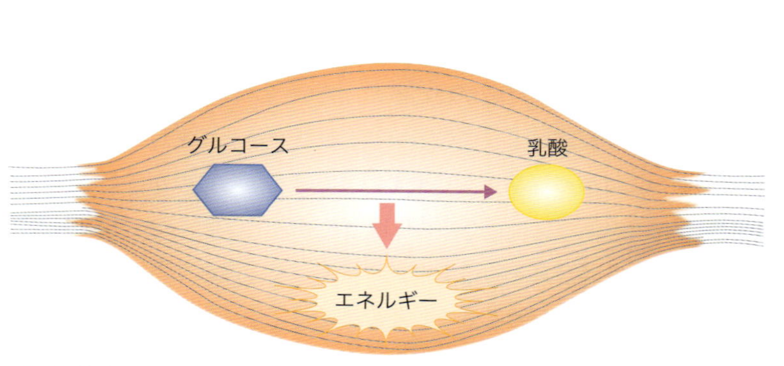

図15　筋肉での乳酸の産成

がうまくできなくなってしまわないように，細胞内は緩衝作用をもつ溶液で満たされています。

細胞内では，酢酸と酢酸塩による緩衝液ではなく，**リン酸**と**リン酸塩**による緩衝液（$H_2PO_4^- \rightleftarrows HPO_4^{2-} + H^+$）が働き，多少の酸や塩基が生じてもpHを変化させることなく，正常な化学反応が行えるようになっています（図16）。

また，細胞内が乳酸で酸性に傾くのを防ぐためのほかの方法として，以前からだをマンションに例えたときに説明したように，不要なものは部屋（細胞）においておかないで，すぐに廊下（血液中）に出す作戦で細胞内の環境を一定に保つことも行います。しかし，この方法は，血液のpHを変化させることになるうえ，血液は全身に流れているので，その影響が全身に出てしまう恐れがあります。もしそうなったら，たいへんなことになってしまいますが大丈夫なのでしょうか？

安心してください。そのようなことにはすぐに陥らないように，血液もまた緩衝作用のある溶液になっています。細胞内とは違いこちらは，**炭酸**と**重炭酸塩**による緩衝系（$CO_2 + H_2O \rightleftarrows H_2CO_3 \rightleftarrows H^+ + HCO_3^-$）で，pHの変化を逃れます（図17）。

3）アシドーシスとアルカローシス

とても頼りになる緩衝作用ですが，どのようなものにも限界があるため，これらの緩衝作用によっても対処できないほどの酸性・塩基性への傾きが生じてしまうと，環境の変化によって化学反応がうまくいかなくなったことが，何らかの症状となって私たちのからだにあらわれてきます。このとき，血液のpHが通常よりも**酸性側**に変化することを**アシドー**

$H_2PO_4^- \rightleftarrows HPO_4^{2-} + H^+$

・酸（H^+）が増えたときは$H_2PO_4^-$が増え，緩衝作用がはたらく。

$H_2PO_4^- + OH^- \rightleftarrows HPO_4^{2-} + H_2O$

・塩基（OH^-）が増えたときはHPO_4^{2-}が増え，緩衝作用がはたらく。

図16　細胞内のリン酸とリン酸塩による緩衝作用

呼吸 ← $CO_2 + H_2O \rightleftarrows H_2CO_3 \rightleftarrows H^+ + HCO_3^-$

・酸（H^+）が増えたときはH_2CO_3が増え，緩衝作用がはたらく（また，それが呼吸によってCO_2を排出することにつながる）

図17　血液中の重炭酸イオンによる緩衝作用

シス，**塩基性側**に変化することを**アルカローシス**といいます。このときに，注意しないといけないことは，一般的な場合では，水のpH（pH＝7）を基準にして酸性側，塩基性側と判断しますが，ヒトを対象にするときは，ヒトの正常な**体液のpH**（**pH＝7.37～7.4**）を基準にしますので，血液pHが**7.36以下**になればアシドーシス，**7.41以上**になればアルカローシスということになります。

皆さんが誰かに栄養学的なアプローチを行うときに，対象者の人の状態を判断するデータの1つとしてpHは重要なものです。そして，対象者の人のなかには，生活習慣や病気などによって，pHの変化が起こりやすい人もいます。その対象者に対して，栄養学を利用してpHの変化を防いだり，pHを正常化することも皆さんの役割の1つになります。

B. 食物（食品）のなかの酸と塩基

誰もが美味しいと思って食べられるようにすることも，皆さんの大事な役目であることを以前話したと思います。そのなかで，"美味しい"というのは，食物の味だけでなく，いろいろな要素が組合わされてつくり上げられていると説明しました。このような"美味しさ"にも，本章で確認した知識が含まれています。

1）食物の色と酸・塩基

例えば，食物の色は"美味しさ"にとって大切な要素の1つでした。食物自身のもつ色や，ほかの食物との色のバランスなどがかかわってきます。食物の色は，1つの物質によってつくられているのではありません。ナスやいちご，ぶどうの赤紫色や青色をつくっているのは，**アントシアニン**とよばれるグループに属する**色素物質**です。この色素は，水溶性であり，酸性では赤色に，塩基性では青色になるという性質をもっています。

実際の私たちの日常生活において，この性質を利用したものの1つに，梅干しがあります。梅干しを漬けるときに，完熟した梅を漬け込む容器に入れ塩を加えて重石をして，梅酢をつくった後に，紫色のシソを入れて赤い梅干しにします（図18）。途中で加えた紫色のシソの色素は，シソニンというアントシアニンに属する物質です。よって，酸っぱい酸性の梅酢のなかでシソの色素が酸性状態で赤く変化して溶け，その梅酢によって梅が赤く染まるという仕組みです。これは，私たちにとって酸や塩基がプラスに働く例ですが，いつもプラスに働くとは限りません。

ほうれん草などの青菜の緑色をつくっているのは，**クロロフィル**とよ

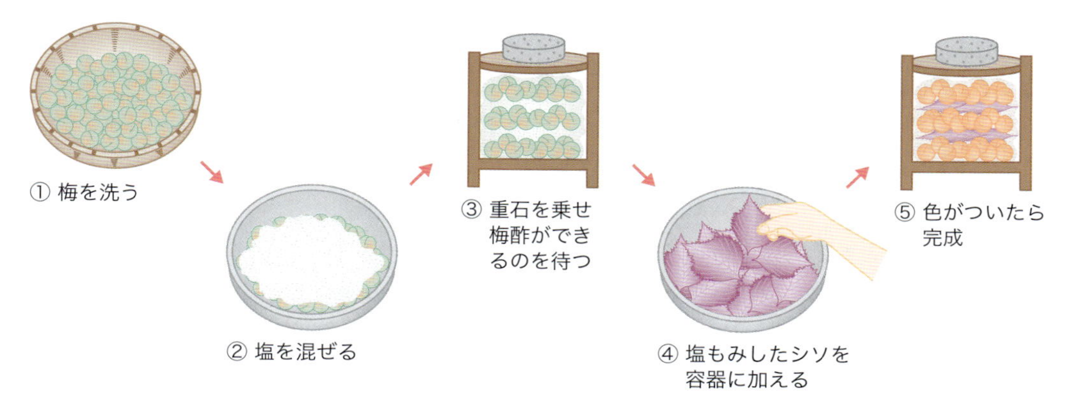

図18　梅干しのつくり方

ばれるグループに属する色素物質です。この色素は，不溶性で酸性では黄褐色に，塩基性では鮮緑色になる性質をもっています。皆さんの日常生活のなかで，青菜を味噌汁の具にしたとき，お鍋のなかでその味噌汁を長く煮てしまい，青菜が茶色っぽくなって味噌汁と同化してしまい，彩りとしての意味をなくし美味しくなさそうにみえた経験はありませんか？ それがクロロフィルの色の変化です。味噌や醤油が入った液のpHは5.0付近で酸性になっています。したがって，そのような状態に長くさらされると，青菜の緑色の色素が黄褐色に変化してしまうということです。さらに，一般的に変化というものは，温度が上がればより速く進む傾向にあるので，加熱したり，ぐらぐら長い間沸騰させたりすると，なお色が悪くなります[24]。しかし，青菜を前もって食塩を加えたお湯で茹でておいたり，味噌汁が仕上がった後に加えるなどして味噌汁との加熱時間を短縮することで，この変化を遅らせることができます。

酸や塩基がかかわる食物は，このほかにもいろいろとありますが，本書ではこれくらいにしておきます。ちなみに，料理や加工に使うpHを変化させるもののうち代表例は，食酢が酸で，重曹（炭酸水素ナトリウム）が塩基です。

[24] 味噌汁の場合，味噌の香りが失われる点や旨味成分が変化してしまう点などからも，長時間沸騰させることはおすすめできません

2）食品の安全性と酸・塩基

前にも言いましたが，これからは調理や加工の工程を科学的な目をもっていろいろと考え，栄養学に活かしていかないといけません。例えば，ここまで話してきたとおり，食物の仕上げの色をきれいにするためにpHを調整すると，色がきれいに仕上がる事例はあります。その一方でpHが変わることで食物中の物質が変化して，食物の栄養価が下がってしまうという負の側面が生じる場合もあります。

また，普段私たちが口にする食物は，安全なものである必要があります。しかし，食物を口にすることによって，私たちの健康が害されることも少なくありません。そのような害のうちいくつかについては，皆さんのように栄養学を勉強している人が，直接工夫することや，食品の加工や調理にかかわっている人に注意・指導するといった間接的なことによって防ぐことが可能です。私たちが直接的あるいは間接的に防ぐことができる害の１つとして食中毒があります。

食中毒はいろいろな原因によって引き起こされますが，細菌によって引き起こされる場合であれば，まず，細菌が食品中で増殖しないようにすることが重要となります。私たちのからだのなかのpHが変化すると，からだのなかで行われているさまざまな化学反応がうまく行えなくなることで不具合が起こることを先ほど説明しましたが，細菌も私たちと同じ生物ですからpHが変化すると，からだのなかでうまく化学反応が行えなくなります[25]。それを利用して，食品のpHを加工や調理によって，その細菌が生活しにくいpHに変化させると，細菌の増殖を抑えることができます。

また，食品に含まれる有毒な物質をとり除くために，食品を特定のpH環境に調整した状態で下処理するといったこともあります。山菜のアク取りに重曹を入れて茹でることがその代表例になります。

このように，酸と塩基に関する知識は，栄養学のなかで多岐にわたってかかわってきます。皆さんは栄養学の専門家として，その場面ごとに要求されていることを把握し，そのときどきで最善の対応をしていかなければなりません[26]。このためには，科学的な目をもって物事をみて考えることが重要です。しっかりと復習し，身につけておきましょう。

㉕細菌と私たちでは見た目は大きくちがいますが，外から物質を取り込み，からだのなかで化学反応を起こして，生きるために必要な物質を生み出していることは同じです。ただ，細菌は必ずしも人間と同じようにpH7.4程度を好むわけではなく，細菌の種類ごとに最適なpHが違います

㉖pHの調節には色の変化・味つけ・栄養価の保持・食中毒防止などさまざまな目的がありました。どの目的が一番求められていることなのか，求められていることを達成するためにはどうしたらいいのかということは常に考えなければなりません

付録

有機化学の基礎

1 有機化学とはなにか

これまで確認してきたことがらは，**“無機化学”**とよばれる分野に含まれる内容でした。これから皆さんがスタートさせる栄養学の勉強において，これらの無機化学の知識は基盤になりますが，それだけでは足りません。では，ほかになにが必要か考えるために，「はじめに」でお話した“栄養”の定義を思い出してみましょう。それは，“生物が必要な物質を外界から取り入れ，その物質を生命活動のために活用すること”でした。ここでいう物質は，栄養素とよばれるもので，その物質自体の数はたくさんあります。第5章で確認したように，数が多いものを対象とするときは，まずは共通の性質によって大まかにグループ分けをして，そのグループで考えていくことが鉄則です。**栄養素**は，大きくわけて，**糖質**，**脂質**，**たんぱく質**，**ビタミン**，**ミネラル**の5つのグループに分類することができます。そして，そのグループのなかのミネラルを除いたグループに属する栄養素は，**有機化合物**とよばれる物質です。

有機化合物とは，どのような化合物のグループでしょうか。それは，炭素原子（C）を骨格（中心となる要素）としてつくり上げられている化合物をいいます。代表的な炭素の骨格は，**直鎖状**や**分岐（分枝）状**，**環状**があります（図1）。これらの有機化合物をとり扱うのが，**有機化学**とよばれる分野です。

有機化合物の場合，炭素原子が骨格になることは常識であるので，環状構造の角の炭素原子は省略されることがあります

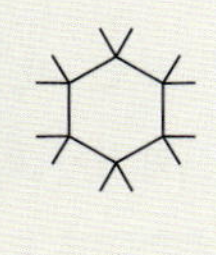

図1 有機化学で用いられる炭素骨格

2 炭素原子と結合する原子

炭素原子は，最大４つの原子と**共有結合**をすることが可能な原子です。このことから，よく“炭素原子の結合の**手は４本**”といわれます。そのほかの栄養学などでよくみかける原子の「結合の手」の数を表１に上げておきます。それぞれの原子はもっている**“結合の手”**の数だけ，ほかの原子と共有結合を結ぶことができます。

また，原子同士の結合のしかたは，１つの共有結合で結合するだけでなく，同じ原子と２つや３つの共有結合によって結合することもあります。１つの共有結合で結合している場合は**単結合**，２つの共有結合で結合している場合は**二重結合**，３つの共有結合で結合している場合は**三重結合**といいます（図２）。

有機化合物は，炭素原子同士の結合を中心として，その中心の炭素原子に水素原子や酸素原子，窒素原子などが結合して化合物をつくり上げています。さらに，その化合物を構成する炭素数が多くなると，化合物を構成する原子の種類や数（分子式）が同じであっても，構造や化学的性質の違った化合物（**異性体**）が存在します（図３）。

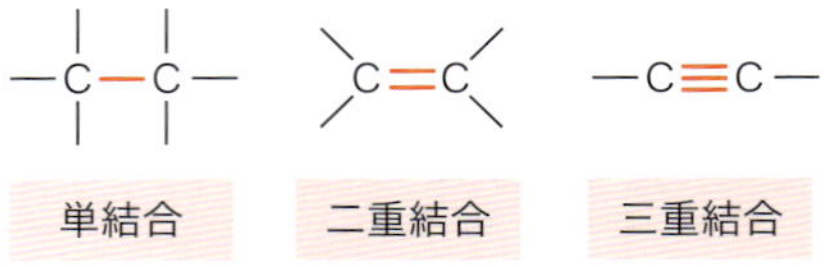

単結合　二重結合　三重結合

図２　二重結合・三重結合

表１　各原子における結合の手の数

原子	結合の手の数
水素（H）	1
酸素（O）	2
窒素（N）	3
炭素（C）	4
リン（P）	5
硫黄（S）	2

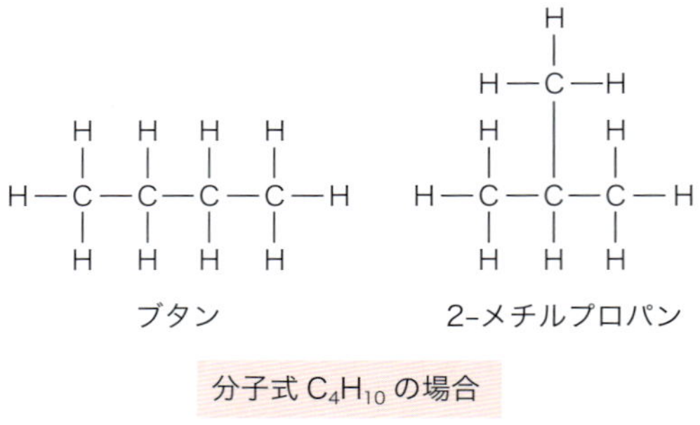

ブタン　2-メチルプロパン

分子式 C_4H_{10} の場合

図３　異性体の例

3 官能基

また，化合物の化学的な性質は，骨格となる炭素原子に結合する**官能基**とよばれる原子の集団によって決まります。そこで，皆さんが栄養学のなかで，これからよくみることになる官能基をいくつかあげていきます。

まず炭素原子と水素原子から構成されている官能基を**アルキル基**とよびます（表２）。この官能基は疎水性があります。酸素原子と水素原子が１個ずつからなる官能基の**水酸基**（**ヒドロキシ基**あるいは**ヒ**

表2　官能基一覧

官能基	名称	主な性質
CH_3-$(CH_2)_n$-	アルキル基	疎水性
-OH	水酸基*	親水性
-CHO	アルデヒド基	弱い親水性，還元作用
-COOH	カルボキシル基	親水性，弱酸
>CO	ケトン基	
$-NH_2$	アミノ基	親水性，塩基
$-CONH_2$	アミド基	親水性
H_2PO_4-	リン酸基	親水性，酸
-SH	チオール基	親水性，弱酸，還元作用

*：ヒドロキシ基，ヒドロキシル基ともよぶ

ドロキシル基）は，親水性があり，この官能基をもつ化合物は一般的に**アルコール**とよばれます。そして，炭素原子，酸素原子，水素原子の３つの原子からなる官能基には，**アルデヒド基**と**カルボキシル基**があります。アルデヒド基は，弱い親水性をもち還元作用があります。なお，**還元作用**とは，ほかの物質から酸素を受けとる（ほかの物質に電子を渡す）力のことです。また，カルボキシル基は，親水性があり弱酸です。そのほかにも，皆さんが知っておかなければいけない官能基がありますので，表２にまとめておきます。

4　有機化合物の命名法

栄養素は物質であり，その多くは有機化合物です。そのため，皆さんが勉強する栄養学のなかで，ある程度の数の有機化合物の名前や構造を覚えないといけない場面がやってきます。それは，これまでの勉強と違って，その分野において専門家になるための勉強ですから，避けては通れないことです。そのようなときに，すぐにギブアップしないで済むように覚えておくといいルールがいくつかあります。

皆さんの名前は，名前をつける人の思いを，割と自由に反映させることができます。しかし，有機化合物の場合は，名前の付け方にはルールがあり，そのルールは化合物の構造がもとになっています。よって，そのルール（命名法）をいくつか知っておけば，もし物質の構造を忘れてしまったとしても，化合物の名前をヒントにある程度の構造が推測できたり，逆に名前を忘れてしまっても化合物の構造をヒントに名前を推測したりすることが可能で，まったくのお手上げ状態にならずにすみます。では，そのルールとはいったいどのようなものでしょうか？ 詳しく確認してみましょう。

A. 数の数え方

有機化合物は，炭素原子を骨格とした構造をもっていることが基本でした。したがって，一番基本となる構造は，炭素原子同士が結合した後，残りの結合の手をすべて水素原子との結合で埋めた状態です。これを**炭化水素**とよびます。図3で示したブタンと2-メチルプロパンはともに炭化水素です。炭化水素の名前は，主にその化合物の炭素骨格を構成している炭素原子の数をギリシャ語（あるいはラテン語）の数詞で表現した名前が付きます。よって，ギリシャ語（あるいはラテン語）の数詞を覚えておく必要があります（表3）。

表3　命名法での数の数え方

数	数詞	読み
1	mono-	モノ
2	di-あるいはbi-	ジあるいはビ、バイ
3	tri-	トリ
4	tetra-	テトラ
5	penta-	ペンタ
6	hexa-	ヘキサ
7	hepta-	ヘプタ
8	octa-	オクタ
9	nona-	ノナ
10	deca-	デカ
20	icosa-	イコサ
22	docosa-	ドコサ
30	triaconta-	トリアコンタ
40	tetraconta-	テトラコンタ
100	hecta-	ヘクタ

B. 炭化水素の表現方法

では，実際にはどのようにして名前はつけられるのでしょうか？ 炭素骨格を構成している炭素原子同士の結合がすべて単結合によって直鎖状に結合している化合物のグループを**アルカン**（alkane）といいます。アルカンにはさまざまな炭素数の化合物が所属していますが，それぞれの名前は，先ほどの数詞＋aneのルールで付けられています。ただし，炭素数1〜4については，このルールから少し外れ，炭素数5以降のものがこのルールに従います。よって，炭素数5のアルカンはペンタン（penta＋ane＝pentane），炭素数6のアルカンはヘキサン（hexa＋ane＝hexane）です（図4）。どうですか？ 簡単ですよね。

では，ルールから外れている炭素数1〜4についてはどうなるのでしょうか？ 炭素数1のアルカン

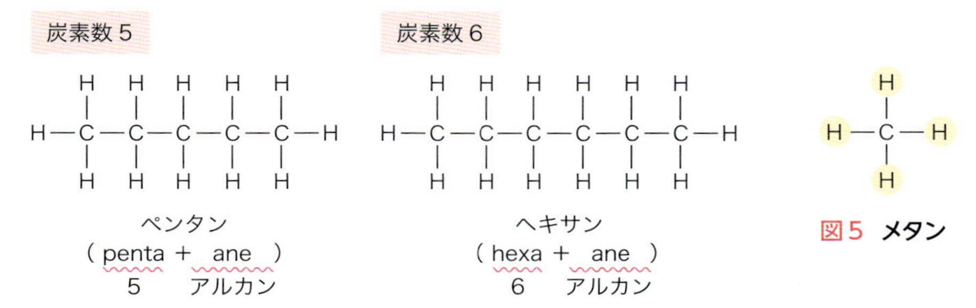

図4 炭化水素の表現方法

図5 メタン

を**メタン**（methane），炭素数２を**エタン**（ethane），炭素数３を**プロパン**（propane），炭素数４を**ブタン**（butane）といいます。この４つについては必ず覚える必要があります。なぜなら，これらのアルカンがすべての有機化合物の名前の基本になるからです。

さて，ここでなにか気づきませんか？ 官能基のところででてきた“アルキル基”と“アルカン”は似ていると思いませんか？

C. アルキル基の表現方法

アルカンから水素原子が１個取れて，水素原子とは違う原子や官能基と結合できるようになった状態ものが**アルキル基**です。つまり，アルカンは水素原子が１つとれることでアルキル基という官能基へ変化するということです。アルキル基は官能基の１つのグループ名のため，実際にはこのグループに属する官能基は多数あります。しかし，これらをすべて丸暗記する必要はありません。これも名前のルールを覚えるだけでいいのです。“アルカン”が“アルキル基”になったことから予想できるように，水素原子が１つとれて官能基となったものは，もとのアルカンの後ろを“**キル（-yl）**”に変えればいいのです。例えば，メタンの水素原子が１個取れたものは**メチル基**（methane → methyl），エタンは**エチル基**（ethane → ethyl），プロパンは**プロピル基**（propane → propyl）となります。また，炭化水素の構造中の水素原子がなにか別の原子や官能基と置き換わることを，その文字通り，**置換**といいます。

炭化水素の水素原子の置換は，１つだけとは限りません。例えば，一番シンプルなメタンは，１個の炭素原子に４個の水素原子が結合した構造のアルカンです（図5）。このメタンの置換が起こりうる場所は４カ所あることになり，メタンの置換は１つから最大４つまでで，さらにそれぞれの水素原子と置換する相手は，同じ原子や官能基でもいいし，それぞれ違った原子や官能基でもいいのです。すなわち，メタンの置換反応によってできる化合物だけでもたくさんあることが想像できます。

D. 命名法の実際

メタンの置換反応だけでも多数の化合物が生成されることを考えると，アルカン全体では膨大な数の化合物があることがわかると思います。これらの名前を丸暗記することは到底無理です。このような問題を解決してくれるのもルール（命名法）です。

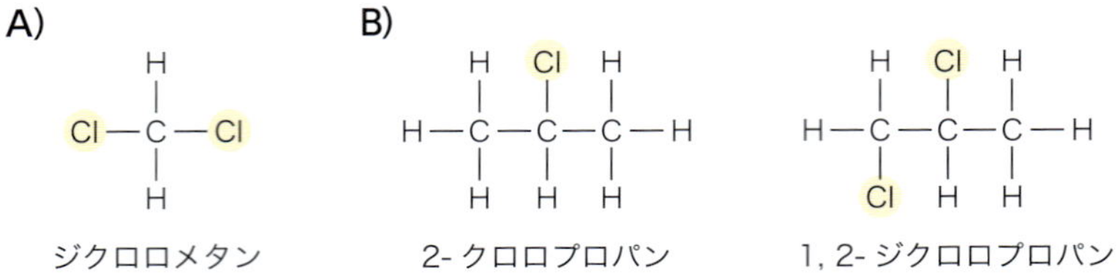

A)

ジクロロメタン

B)

2- クロロプロパン

1, 2- ジクロロプロパン

図6　命名法の例

アルカンの置換反応によって生じた化合物の名前は，**“置換した数をあらわす数詞”＋“置換した原子あるいは官能基名”＋“もとのアルカン名”**の順にあらわします。例えば，メタンの２個の水素原子が２個の塩素原子と置換したとすると，その結果に生じた化合物の名前は，ジクロロメタン｛2の数詞（ジ）＋塩素〔クロライン（クロール）〕＋メタン｝となります（図6A）。メタンの場合は，炭素が１つだけであるため，どの炭素原子に結合している水素原子が置換されたかを悩む必要はありませんが，化合物の炭素骨格を構成する炭素数が増えてくると，どの炭素原子に結合している水素原子が置換されたかを決める必要があります。実際，化合物によっては，置換する位置が違うと，その後に生じた化合物の化学的性質が大きく変わるということは少なくありません。

では，炭素原子の位置はどのようにあらわすのでしょうか？ それは，名前の前に数字であらわします。つまり，プロパン（炭素数３のアルカン）の２番目の炭素原子に結合している水素原子と塩素原子が置換してできた化合物の名前は，2–クロロプロパンとなり，１番目の炭素原子に結合している水素原子と２番目の炭素原子に結合している水素原子，それぞれ１個ずつが塩素原子と置換してできた化合物の名前は，1,2–ジクロロプロパンとなります（図6B）。

このほかにも，炭素骨格を構成している炭素原子の結合に二重結合がある場合や三重結合がある場合の命名法など，あといくつか知っておくと便利なルールがありますが，これからは皆さん自身で課題をみつけ，そして，皆さん自身で解決するという勉強を行っていくことも大切になります。その練習として，ぜひ，この続きを調べてみてください。きっとよい勉強になります。

索　引

＊太字は主要頁を示す．

数　字

ギリシャ文字

欧　文

A～C

D～G

H～J

K～N

O～T

和　文

あ

た

ち

て

と

な

に

の

は

ひ

ふ

へ

ほ

ま

み

む

め

も

ゆ

よ

ら

り

れ

ろ

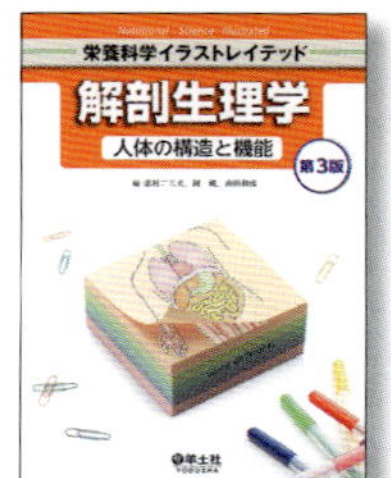

解剖生理学
人体の構造と機能
第３版

志村二三夫，岡　純，山田和彦／編

定価3,190円（本体2,900円＋税10％）
256頁　ISBN978-4-7581-1362-5

臨床医学
疾病の成り立ち
第３版

田中　明，藤岡由夫／編

定価3,190円（本体2,900円＋税10％）
320頁　ISBN978-4-7581-1367-0

臨床栄養学
基礎編
第３版

本田佳子，曽根博仁／編

定価2,970円（本体2,700円＋税10％）
192頁　ISBN978-4-7581-1369-4

臨床栄養学
疾患別編
第３版

本田佳子，曽根博仁／編

定価3,080円（本体2,800円＋税10％）
328頁　ISBN978-4-7581-1370-0

臨床栄養学実習
実践に役立つ技術と工夫

中村丁次／監，
栢下　淳，栢下淳子，北岡陸男／編

定価3,190円（本体2,900円＋税10％）
231頁　ISBN978-4-7581-1371-7

応用栄養学
第３版

栢下　淳，上西一弘／編

定価3,300円（本体3,000円＋税10％）
280頁　ISBN978-4-7581-1379-3

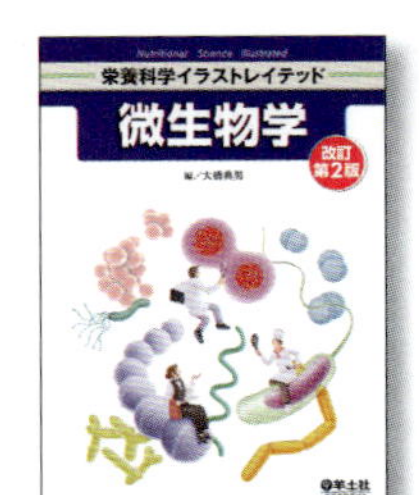

微生物学
改訂第２版

大橋典男／編

定価3,190円（本体2,900円＋税10％）
256頁　ISBN978-4-7581-1373-1

基礎栄養学
第５版

田地陽一／編

定価3,190円（本体2,900円＋税10％）
224頁　ISBN978-4-7581-1377-9

食品衛生学
第３版

田﨑達明／編

定価3,190円（本体2,900円＋税10％）
288頁　ISBN978-4-7581-1372-4

食品機能学

深津（佐々木）佳世子／編

定価3,300円（本体3,000円＋税10％）
200頁　ISBN978-4-7581-1374-8

解剖生理学ノート
人体の構造と機能　第3版

定価2,860円（本体2,600円+税10%）
231頁　2色刷り
ISBN978-4-7581-1363-2

基礎栄養学ノート
第5版

定価 2,970円（本体 2,700円+税10%）
200頁　2色刷り
ISBN978-4-7581-1378-6

著者プロフィール

土居 純子（どい じゅんこ）千里金蘭大学生活科学部食物栄養学科　准教授

兵庫県出身，医学博士．大阪大学大学院医学系研究科博士課程修了後，2001年金蘭短期大学生活科学科栄養科学専攻・講師，2003年千里金蘭大学生活科学部食物栄養学科・講師を経て現在に至る．「栄養生化学」「基礎栄養学」などの講義を担当．
共著として「基礎栄養学」（光生館），「管理栄養士のための栄養生化学実験ハンドブック」（手塚山大学出版会）がある．

栄養科学イラストレイテッド
基礎化学

2017年12月　1日　第1刷発行
2025年　2月　1日　第4刷発行

著　者　土居純子
発行人　一戸裕子
発行所　株式会社　羊　土　社
〒101-0052
東京都千代田区神田小川町2-5-1
TEL　03（5282）1211
FAX　03（5282）1212
E-mail　eigyo@yodosha.co.jp
URL　www.yodosha.co.jp/
表紙イラスト　エンド譲
印刷所　株式会社加藤文明社

ISBN978-4-7581-1353-3